城市燃气行业岗位培训教材

燃气管网巡查

李　刚　主编

中国建筑工业出版社

图书在版编目（CIP）数据

燃气管网巡查/李刚主编.—北京：中国建筑
工业出版社，2013.3
（城市燃气行业岗位培训教材）
ISBN 978-7-112-15259-9

Ⅰ.①燃…　Ⅱ.①李…　Ⅲ.①城市燃气—输气
管道—管网—检查　Ⅳ.①TU996.6

中国版本图书馆CIP数据核字（2013）第052324号

本书针对我国燃气行业安全检查相关岗位的工作内容与岗位要求结合燃气企业的实际工作资料进行编写。本书的主要内容包括：燃气管网巡查计划与准备工作；燃气管网巡查作业的实施；针对第三方施工对燃气管网破坏的保护措施；巡查资料的填写与信息管理；燃气管网巡查员应具备的素质。

本书适合在国内各地燃气公司、天然气管网公司的从业人员和即将从事城市燃气管网巡查巡检的人员阅读。

* * *

责任编辑：李　　明
责任设计：董建平
责任校对：张　颖　赵　颖

城市燃气行业岗位培训教材
燃气管网巡查
李　刚　主编

*

中国建筑工业出版社出版、发行（北京西郊百万庄）
各地新华书店、建筑书店经销
华鲁印联（北京）科贸有限公司制版
北京建筑工业印刷厂印刷

*

开本：787×1092毫米　1/16　印张：$4\frac{3}{4}$　字数：116千字
2013年3月第一版　　2013年10月第二次印刷
定价：**16.00元**
ISBN 978-7-112-15259-9
　　　（23361）

前　言

　　燃气作为一种优质高效的清洁能源，因污染少、发热量高、易于运输、使用方便等特点，在国家大力提倡低碳生活的背景下，已成为我国能源消费的主要种类之一，且其比重不断增加，广泛用于民用、工商业、燃气汽车等方面。至今为止，管道运输仍是燃气输送的最主要方式，尤其是当前国家大力发展的天然气项目的背景下，燃气行业对技术人员尤其是一线技术人员的需求量出现井喷状态。工作人员的职业素质，直接影响到燃气管网能否安全运营，由此可见燃气管网运营相关从业人员的职业技能培养的重要性。目前燃气行业从业人员的人数相对缺乏，从业人员的综合素质和岗位技能也有待提高的空间。因此对燃气行业的从业人员和即将从事燃气行业一线技术工作的人员开展相关培训显得十分必要和迫切。《燃气管网巡查》有效加强从业人员从事燃气管网相关工作的技能和安全管理工的能力。

　　本套培训教材包括《优秀班组创建》、《燃气大客户营销管理》、《燃气用户安全检查》、《燃气管网巡查》四个专题，适合国内各地燃气公司、天然气管网公司的一线技术和管理人员，适用面广，实用性强。我们意将这套培训教材作为企业培训和职业教育课程改革的结合点，探索将现代职业教育理念融入企业培训教材，更好地为企业和行业服务。

　　本套培训教材由广州市交通运输职业学校主持实施，深圳市燃气集团股份有限公司龙岗管道气分公司提供技术支持。主编为龙岗公司周卫和广州市交通运输职业学校刘建平、沈瑾雯。

　　本书由广州市交通运输职业学校的李刚主编，江建参编。全书由李刚统稿，江建修改。本书在编著过程中深圳市燃气集团股份有限公司龙岗分公司为本书的编写提供了大量的实际案例、资料；深圳市燃气集团股份有限公司技术部生产技术副经理彭知军提供了大量宝贵的意见和建议，在此编者向大家表示由衷的感谢。

　　《燃气管网巡查》的主要内容包括：燃气管网巡查计划与准备工作；燃气管网巡查作业的实施；针对第三方施工对燃气管网破坏的保护措施；巡查资料的填写与信息管理；巡查员应具备的素质等。

　　由于编者的水平有限和经验不足，书中错误和不到之处在所难免，恳请各位同行和读者批评指正。另编者也希望再版时可以进一步完善此书。

目　录

引言 ·· 1

第1章　燃气管网巡查计划与准备工作 ·· 2

　1.1　巡查计划的制订 ·· 2

　1.2　巡查计划实施的流程 ·· 3

　1.3　燃气管网巡查前的准备工作 ·· 3

第2章　燃气管网巡查作业的实施 ·· 16

　2.1　燃气输配基本知识 ·· 16

　2.2　对燃气管网沿线的地理和生态进行巡查 ·· 23

　2.3　对燃气管网上的各种标识以及燃气设施、设备进行巡查 ···························· 30

第3章　防止第三方施工对燃气管网破坏的保护措施 ·· 37

　3.1　第三方施工破坏的主要原因与主要破坏形式 ······································ 37

　3.2　预防第三方施工对燃气管道破坏的作业巡查流程图 ································ 40

　3.3　预防第三方施工对燃气管道破坏的措施 ·· 40

　3.4　加强第三方施工巡查 ·· 44

　3.5　判断第三方施工单位对燃气管道保护措施 ·· 45

　3.6　发生燃气泄漏突发事件的处理 ·· 49

第4章　巡查资料的填写与信息管理 ·· 51

　4.1　资料的填写 ·· 51

　4.2　巡查信息的管理 ·· 58

第5章　燃气管网巡查员应具备的素质 ·· 60

　5.1　良好的沟通能力 ·· 60

　5.2　良好的应变能力 ·· 61

　5.3　良好的职业道德修养 ·· 62

　5.4　深刻了解燃气管网巡查员的岗位职责 ·· 64

附录 ·· 66

主要参考文献 ·· 69

引　言

城市燃气对保障国民经济发展和提高人民生活水平起到十分重要的作用。随着城市的发展，城市地下燃气管道也在不断延伸，配合城市的发展而不断地建设。现如今，珠三角大中城市都拥有庞大的燃气管网系统，以深圳地区为例，2008 年深圳市地下高压、次高压的燃气管网达 140km，中压燃气管网达 200km。

城市燃气具有易燃、易爆和有毒的特性，一旦燃气设施发生泄漏，极易发生火灾、爆炸及中毒事故，致使国家和人民生命财产遭受损失。政府和社会对燃气的安全运行也日益关注，如何加强对燃气安全的管理，将事故防患于未然，是燃气公司首要解决的问题。据研究表明，引发地下燃气设施事故的主要因素是：管道腐蚀、第三方破坏（外力破坏）、设施设备自身故障、运行管理失误等。为了防止火灾、爆炸、中毒事件的发生，保护国家和人民生命财产的安全，必须加强对燃气设施的巡查巡检和抢修工作。因此对城市燃气设施的巡查作业是保证城市燃气设施安全生产，确保燃气正常供应，防范安全事故发生的重要手段。

案例：2008 年 6 月，深圳燃气集团龙岗分公司管网巡查员在一次常规的管网巡查作业时，发现辖区内如意路与黄阁中路交汇处的"奥林华府二期"楼盘正在进行楼宇基坑的施工，该名巡查员根据自己的经验立即确认该区域有燃气管道的存在。当察看施工工地后，该巡查员发现基坑距燃气管道水平距离不到 3m，该巡查员要求现场施工人员立即停止作业，并汇报巡查组长。在与基坑施工单位负责人沟通协调后，要求施工单位进行边坡处理，以防出现坍塌从而危及燃气管道。由于前期保护措施实施到位，燃气管道免遭破坏。

通过巡查及时发现安全隐患从而避免安全事故是燃气管网巡查员的主要职责。正如案例的情况，如果该巡查员未能及时发现安全隐患，在 6 月份暴风雨肆虐的季节很可能会出现塌方而造成管网断裂的严重事故。

第1章 燃气管网巡查计划与准备工作

1.1 巡查计划的制订

常规巡查工作任务由巡查班组长每月规划制定，该工作任务依据《地下燃气管道及设施分级巡查列表》而制订，见表1-1，该分级巡查列表适用于地下燃气管网及设施的日常巡查，包括地下中压、次高压及高压燃气管网及设施，班组长再根据燃气管网巡查员的特点合理分配巡查片区。

埋地燃气管道及设施分级巡查列表　　　　　　　　　　　　　　　　表1-1

等级	情况分类	巡查周期	相关要求	协调记录
一级	1.1 安全控制范围内从事绿化、挖掘、打桩、顶进、钻探、开路口、爆破等施工活动，且未签订《保护协议》的。 1.2 安全保护范围内从事人工挖掘、重车碾压、顶进、开路口等施工活动。	2次/1日 旁站监护	1.1 巡查人员按2次/日的频次进行巡查，管网运行工程师或安全员按1次/日的频次到场监督，并督促建设单位、施工单位尽快签订保护协议； 1.2 巡查人员现场蹲点进行巡查。	根据情况1次/1日或1次/2日，拒签的现场拍照取证，并及时上报至相关部门和政府行政主管部门。
二级	2.1 新投入运行、漏气或抢修后修复的管网在供气24小时内。重点区域在重大节假日期间及前五天内、举办各种大型社会活动的场所（如区府礼堂）在活动期间及前五天内。 2.2 暴雨、台风等恶劣天气时，管道周边存在塌方、滑坡、下陷、裸露等危及安全运行的情况。 2.3 安全控制范围内从事绿化、挖掘、打桩、顶进、钻探、开路口、爆破等施工活动。担负5000户供气任务的枝状管道，担负重大、重要或特殊供气需求商业客户（如赛格三星、方正微电子）供气任务的枝状管道。	1次/1日	2.1 采取步行，巡查人员须按巡检规程进行浓度探测； 2.2 管网运行工程师在恶劣天气来临前现场评估危险。并制定防范措施； 2.3、2.4采取摩托车方式巡查。	1次/1周
三级	3.1 已建成、通气6个月内住宅小区和工业用户的庭院管网。且该区域续建施工范围不在管道安全控制范围内。 3.2 正常运行的市政燃气管道。	1次/2日	3.1 采取自行车方式巡查，询问管理处小区是否有危及管道安全运行的施工活动，如植树、绿化、维修管网等，并签订《小区巡查联系函》（每年一次）；重大节假日前须巡查一次。 3.2 采取自行车方式巡查。	无须签订

1.2　巡查计划实施的流程

管网巡查人员根据《埋地燃气管道及设施分级巡查列表》的要求以及巡查计划要求实施巡查任务时，还必须严格按照巡查流程图（图1-1）进行巡查作业。

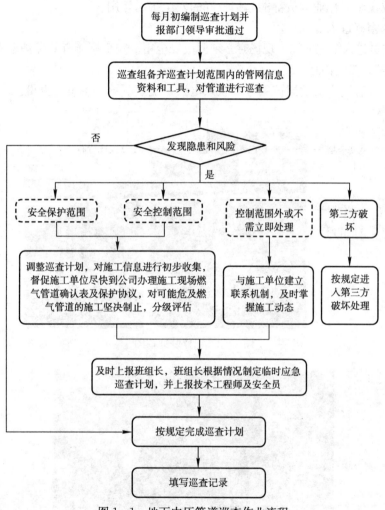

图1-1　地下中压管道巡查作业流程

1.3　燃气管网巡查前的准备工作

燃气管网巡查员在巡查作业出勤前应按企业的要求进行如下的准备工作。

1.3.1　着装

燃气管网巡查员在管辖区域内出勤巡查时，必须按照燃气公司的规定进行着装，如图1-2、图1-3所示。一般出勤着装由工作服、工作鞋、反光背心、安全帽和工号牌组成。

（1）工作服、工作鞋

特定工作服、工作鞋的穿戴，既能在工作过程中表明身份，又能对巡线人员起到外在的保护作用，如进行山地的高压管道巡查时能防止巡查员被树枝刮伤或被虫蛇叮咬。

（2）反光背心

安全反光背心是由反光材料制作而成。反光安全背心的反光性能好，警示作用明显。无论是白天或夜晚对作业人员都能起到较好的安全警示作用。

（3）安全帽（进入工地使用）

管网巡查员进入第三方施工现场时必须佩戴安全帽。安全帽能有效保护巡查员的头部。

（4）工号牌（工作证）

工号牌上标有巡查员的岗位编号及联系电话，能表明该巡查员的身份。

图 1-2 工作装穿戴图

图 1-3 巡查专用工作鞋

1.3.2 交通工具

据调查，燃气管网巡查员每周平均要对 60～70km 的管辖区巡查两遍，而各管辖区域的地理情况都有所不同，为了能提高巡查作业的效率，燃气公司都会为巡查员配备合适的交通工具。

(1) 中(低)压管网巡查用交通工具

中(低)压管网多为城镇市政道路或老城区街巷内的地下管道,这些地区的管网多成枝状分布,管网密集,所在的城镇(老城区或小区)道路狭窄并且人流量较大。因而中(低)压管网巡查常用的交通工具以摩托车和自行车为主,如图1-4、图1-5所示。采用摩托车进行巡查时,时速应低于20km/h。

图1-4 管网巡查用的摩托车

图1-5 管网巡查用的自行车\电动单车

(2) 高压(次高压)管网巡查用交通工具

高压(次高压)管网巡查区域主要分布在城市的外围和较偏远的丘陵山地,多为城市外围的高速公路、国道、菜地、丘陵山地上,管网较长且单一,但所在的道路路面交通较为复杂。

高压(次高压)管网巡查的交通工具不宜使用自行车这类速度较慢的交通工具,以选择使用机动车(汽车和摩托车)为宜,如图1-6所示。采用机动车进行巡查时车速不宜过快,车速应低于20km/h。

图 1-6　管网巡查用工程车

1.3.3　巡查所需资料

巡查员应熟悉相关的法律、法规和巡查区域的基本资料，以做到心里有底，这样才能事半功倍地完成巡查任务。

（1）法律、法规文件

巡查用法律法规包含国家的相关法律、法规文件及规范、指引等，如《石油天然气管道保护条例》、《城镇燃气设计规范》，如图 1-7 所示。

图 1-7　巡查时应带备的资料

（2）地方法律、法规

地方法律、法规包含省、市相关文件，如"广东省人民政府〔2008〕1 号文件——关于加强输油气管道设施安全保护工作的通告"、《深圳市燃气条例》、《深圳市燃气管道设施保护办法》。

（3）企业内部技术文件

企业内部技术文件是巡查专用技术文件，如《地下燃气管网及设施巡查巡检技术指引》。

针对上述各级文件，巡查员要明确以下几点：

① 管道设施是国家重要的基础设施，受法律保护，任何单位和个人都有保护管道设施和管道输送的石油、天然气的义务。对于侵占、破坏、盗窃、哄抢管道设施和管道输送的石油、天然气以及其他危害管道设施安全的行为，有权制止并向公安机关举报。

② 违反条例及通告有关规定，危害管道设施安全的行为，应当承担法律责任，构成

犯罪的，依法追究刑事责任。

知识链接：

图1-8 《石油天然气管道保护条例》

《石油天然气管道保护条例》是中华人民共和国国务院令第313号，于2001年7月26日通过，2001年8月2日公布，自公布之日起施行。

广东省人民政府文件

粤府〔2008〕1号

广东省人民政府关于加强输油气管道设施安全保护工作的通告

为加强广东省行政区域内输油气管道设施（以下简称管道设施）安全保护工作，保障管道设施安全稳定运行，满足广东省生产、生活对油气供应的需要，维护广大群众生命财产安全，根据《石油天然气管道保护条例》（国务院令第313号，以下简称《条例》），现通告如下：

一、管道设施是国家重要的基础设施，受法律保护，禁止任何单位和个人从事危害管道设施安全的行为。任何单位和个人都有保护管道设施和管道输送的石油、天然气的义务，对于侵占、破坏、盗窃、哄抢管道设施和管道输送的石油、天然气以及其他危害管道设施安全的行为，有权制止并向公安机关举报。

二、根据《条例》第十五条规定，禁止任何单位和个人从事下列危害管道设施安全的活动：

（一）移动、拆除、损坏管道设施以及为保护管道设施而设置的标志、标识；

（二）在管道中心线两侧各5米范围内取土、挖塘、修渠、修建养殖水场、排放腐蚀性物质，堆放大宗物资，采石、盖房、建温室、垒家畜棚圈、修筑其他建筑物、构筑物或者种植深根植物；

图1-9 《广东省人民政府关于加强油气管道设施安全保护工作的通告》

广东省根据国务院颁布的《石油天然气管道保护条例》而发布的粤府1号通告文件，2008年1月7号发布，自发布之日起实施。违反《石油天然气管道保护条例》及"广东省人民政府关于加强输油气管道设施安全保护工作的通告"有关规定，危害管道设施安全的行为，应当承担法律责任，构成犯罪的，依法追究刑事责任。巡查人员需特别注意该条例中第15条规定。

图 1-10　《深圳市燃气条例》

　　《深圳市燃气条例》，由深圳市人大常委会于 2007 年 1 月 4 日颁布，2007 年 3 月 1 日起实施。

图 1-11　《深圳市燃气管道设施保护办法》

　　深圳市建设局于 2007 年 8 月 24 日颁布的关于加强燃气管道设施管理，保障燃气管道设施安全的《深圳市燃气管道设施保护办法》。

图 1-13 《城镇燃气设计规范》

《城镇燃气设计规范》，是建设部 2006 年 7 月 12 日第 451 号批准发布的国家标准。

燃气管网巡查员应注意《城镇燃气设计规范》中第 5.3.2 条规定：地下燃气管道（中压 B 级）与给水管之间的水平净距不小于 0.5m，垂直净距不小于 0.15m；地下燃气管道（中压 B 级）与污水、雨水排水管之间的水平净距不小于 1.2m，垂直净距不小于 0.15m。

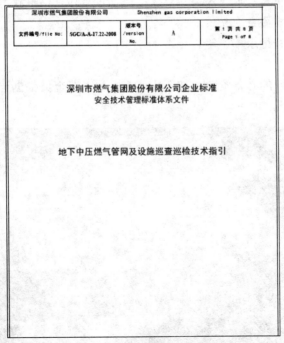

图 1-13 《地下中压燃气管网及设施巡查巡检技术指引》

深圳市燃气集团股份有限公司		Shenzhen gas corporation limited	
文件编号/file No:	SGC/A-A-17.17-2008	版本号 /version No	A	第 1 页 共 8 页 Page 1 of 8

深圳市燃气集团股份有限公司企业标准
安全技术管理标准体系文件

地下次高压燃气管道及设施巡查巡检技术指引

图1-14　《地下次高压燃气管道及设施巡查巡检技术指引》

　　《地下中压燃气管网及设施巡查巡检技术指引》、《地下次高压燃气管网及设施巡查巡检技术指引》是各燃气公司为了指导燃气管网巡查员作业而出台的技术指引文件，仅限企业内部施工，含地下中压和地下次高压燃气管道及设施巡查巡检技术指引。

　　部分法律、法规重要条款见附录一。

　　（4）巡查图、巡查记录本、笔、记事本

　　1）巡查图

　　巡查图是巡查作业的必备资料，如图1-15所示。巡查员根据巡查图了解巡查过程中管道及附件的大概情况。

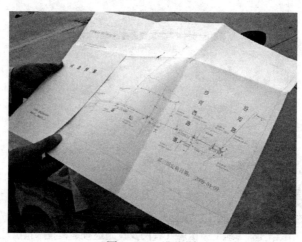

图1-15　巡查图

　　巡查员对其所承担片区的管网巡查图要熟悉。由于城市化进程的加快，城市的面貌不断发生改变。巡查员应能根据巡查图结合周边的地理环境，通过观察燃气管网的埋设标志确定自身的方位。

　　燃气管网巡查员应能准确地识读巡查图上的图例。图1-16所示为燃气管道及设施巡查图部分重要图例。

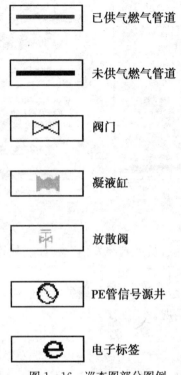

图1-16　巡查图部分图例

　　2）巡查记录本

　　巡查记录本包括中压巡查记录表和次高压巡查记录表，其中中压巡查记录表分为《地下中压燃气管网巡查记录表》、《地下中压燃气管网阀门巡查记录表》、《地下中压燃气管网凝水器巡查记录表》；次高压巡查记录表分为《天然气高压次高压管道巡查记录表》、《天然气高压次高压阀井巡查记录表》、《天然气高压次高压阀室巡查记录表》、《山地管网巡查记录表》。

　　巡查记录表是对巡查工作情况所作的记录，需整理入档，详见第四章。

　　（5）宣传单张

　　《施工现场燃气管道及设施安全保护协议》、《隐患告知函》、《安全隐患整改通知单》针对的是第三方施工单位，目的是要求其能文明施工从而安全有效的适时保护燃气管道和设施而采用的强制性文件，见附录三；《天然气管道保护宣传手册及海报》是针对第三方施工单位关于天然气管道及设施保护的宣传、培训手册，如图1-17所示为《服务指南》，如图1-18所示为天然气管道保护宣传手册。

图 1-17　服务指南

图 1-18　宣传手册

（6）简要应急预案、联络函

简要应急预案是燃气管网巡查员遇到突发情况（如燃气管道及设施遭到破坏）时而进行的紧急应变处理措施的指引文件。

联络函是公司内部人员的联系方式，以便燃气管网巡查员在遇到突发情况时能及时有效地联系相关人员并通报相关情况。

1.3.4　巡查作业所需工具

管网巡查常用工具主要包括：手持式可燃气体检测仪（俗称黄枪）、肥皂水、阀门操作杆、翻盖钩、管钳、活动扳手、老虎钳、螺丝刀、剪刀、卷尺、喷漆、警戒带等，如图 1-19 所示。

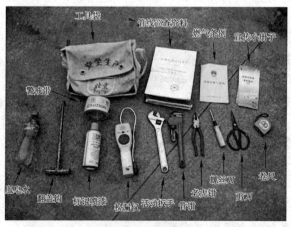

图 1-19　巡查作业时常带的资料及工具

（1）肥皂水

肥皂水一般用于燃气管道及阀门的连接处的检漏。利用毛刷或喷壶将肥皂水涂抹或喷洒在燃气渗漏的疑点处，通过观察肥皂水是否产生气泡从而判断燃气管道及阀门的渗漏情况，如图1-20所示。

图1-20　使用肥皂水进行检漏

（2）手持式可燃气体检测仪

手持式可燃气体检测仪俗称黄枪，检测原理分为电化学式和催化燃烧式，采样方式为吸入式，通过探头吸入气体样品，气体检测元件为专用传感器。手持式可燃气体检测仪是常见的燃气浓度检测的便携式仪器，常用于阀门井（室）、户内管道及管道接头、管道沟槽的燃气浓度检测。手持式可燃气体检测仪的作用是能迅速并自动连续检测气体样品中可燃气体的浓度，当探测到可燃气体的浓度达到设定的报警值时，会发出报警信号，如图1-21、图1-22所示。

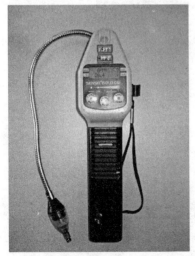

图1-21　手持式可燃气体
检测仪（黄枪）

图1-22　用手持式可燃气体检测仪检测阀门井的燃气浓度

知识链接：

手持式可燃气体检测仪（下称：黄枪）的使用方法

① 将黄枪探管从卡扣取出；

② 在新鲜空气中开机，双手握持仪表，用两手大拇指同时拨动转盘旋盘旋钮，将声音调到最小处；

③ 进入检测现场，双手大拇指慢慢拨动转盘旋钮，将声音调到"嗒、嗒、嗒"间断响的临界状态，然后将探头伸到检测区域。

④ 如果黄枪发出声音，说明有可燃气体，这时将声音调到"嗒、嗒、嗒"间断响的临界状态，继续探测，如此反复，最后有响声的地方，即为燃气泄漏的地点。

⑤ 使用完毕，不能马上关机，将仪表置于新鲜空气中，转盘旋钮拨到最小，待声音消失，红灯灭，此时便可关机。

（3）翻盖钩

由于阀门井井盖一般使用水泥或铸铁铸造而成，且井盖与井边的缝隙较细，因而无法赤手或使用一般的工具将阀门井井盖打开。翻盖钩是用于打开阀门井井盖的专门工具。

图 1-23　翻盖钩操作示范图

 知识链接：

打开阀门井井盖的方法：

① 打开阀门井盖前应检查阀门井井盖、井边是否完好。

② 将翻盖钩装入井盖上的空洞。

③ 操作时用力要沉稳，切忌急躁，以免产生火花或拉伤肌肉。操作示范如图 1-23 所示。

（4）阀门操作杆

燃气阀门开关普遍安装在阀门井内，由于阀门井空间有限，并距路面有一定的距离。

因此开关阀门需要利用操作杆，如图 1-24 所示。

图 1-24 阀门操作杆示范图

（5）喷漆瓶

喷漆瓶主要用于临时性警示标志的设置，常用于第三方施工现场警示燃气管道的位置，如图 1-25 所示。

（6）巡查员在山地巡线时如感身体不适或意外受伤可用小药箱进行自救，如图 1-26 所示。巡查用工程车上均配备小型药箱。

图 1-25 临时性警示标志

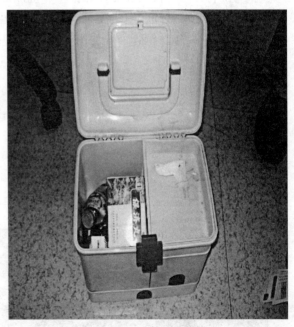

图 1-26 备用小药箱

第2章　燃气管网巡查作业的实施

当巡查作业前的准备工作完毕后，巡查员按照巡查班组长月初制定的任务计划对其所管辖的片区进行日常的巡查，以确保管网的安全运行和燃气设施与标志的完整性。

2.1　燃气输配基本知识

为了能更好地进行巡查，巡查员必须具有一定的燃气输配基础知识。巡查员要了解管辖区域内管网的材料特性、燃气管道的压力级制、管网（线）的分类、管道安装的安全距离以及燃气企业有关燃气管道、设施安全色的规范。

2.1.1　燃气管网常用的管材

珠江三角洲各城镇燃气管网的管材主要以钢管和聚乙烯管（PE管）为主。

（1）钢管（图2-1）

钢管的特点是：抗拉强度、延伸率、抗冲击性能好，可以提高燃气输送的可靠性。但同时钢管施工工序繁琐、施工工期长、耐腐蚀性能差，使用年限约20年，采用绝缘防腐的使用年限约30年。钢管一般使用于燃气高、中压管道。

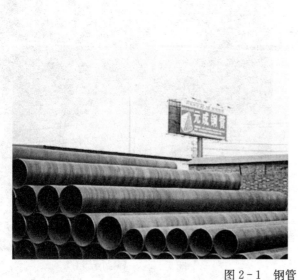

图2-1　钢管

（2）聚乙烯管（PE管）（图2-2）

聚乙烯燃气管道重量轻，柔韧性好，能有效抵抗地下运动和端载荷，具有良好的挠性；具有良好的快速裂纹传递抵抗能力，熔接接头泄漏少，具有巨大的技术经济价值，施工工序简单，施工工期短；耐腐蚀，不需要防腐，使用年限约50年。但聚乙烯燃气管道机械性能差，不耐尖锐、高温、火灾、太阳曝晒等，多用于工作压力≤0.4MPa的室外地下管道。

图2-2 聚乙烯管（PE）

2.1.2 燃气管道的压力级制

根据《城镇燃气设计规范》燃气输送压力（P）分为7级，如图2-3所示。

名　　称		压力（MPa）
高压燃气管道	A	2.5＜P≤4.0
	B	1.6＜P≤2.5
次高压燃气管道	A	0.8＜P≤1.6
	B	0.4＜P≤0.8
中压燃气管道	A	0.2＜P≤0.4
	B	0.01＜P≤0.2
低压燃气管道		P＜0.01

图2-3 城镇燃气设计压力分级

 知识链接：各种压力管道在城镇燃气管网中的应用

① 居民用户和小型公共建筑用户一般直接由低压管道供气；

② 中压A和中压B管道必须通过区域调压站或用户专用调压站才能给城镇分配管网中的低压和中压管道供气，或给工厂企业、大型公共建筑用户以及锅炉房供气；

③ 次高压A和次高压B管道一般在城镇中心区或附近埋设。其构成了大城镇的输配管网系统的中环网；

④ 高压B燃气管道一般构成大城镇输配管网系统的外环网。高压B燃气管道也是给大城镇供气的主动脉。高压燃气必须通过调压站才能送入中压管道、工艺需要高压燃气的大型工厂企业。

2.1.3 管网（线）的分类

城镇燃气输配系统一般组成：门站、燃气管网、储气设施、调压设施、管理设施、监控系统等，如图2-4所示。

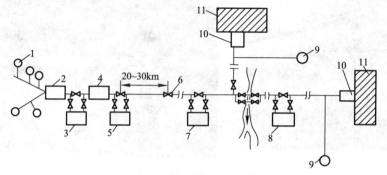

图2-4 长距离输气系统

1—井场装置；2—集气站；3—矿场压气站；4—天然气处理厂；5—起点站
（或起点压气站）；6—阀门；7—中间压气站；8—终点压气站；9—储气设施；
10—燃气分配站；11—城镇或工业基地

（1）按用途分类

1）长距离输气管网，如西气东输的管网，如图2-5所示。

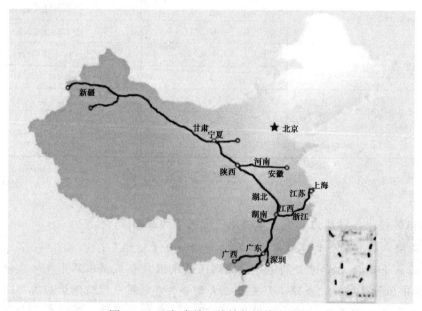

图2-5 西气东输二线输气系统示意图

2）城镇输气干管，如敷设在城市道路上的市政干管。

3）配气管，与燃气干管连接，将燃气供给用户的管道。如街区配气管与住宅庭院内的管道，如图2-6所示。

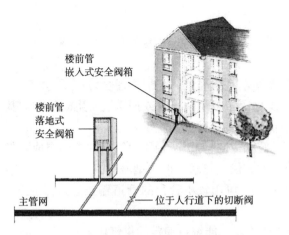

图 2-6 城镇燃气管网中的配气管示意图

（2）按管网形状分类。

1）环状管网：管网连成封闭的环状，它是城镇输配管网的基本形式，在同一环中，输气压力处于同一级制。

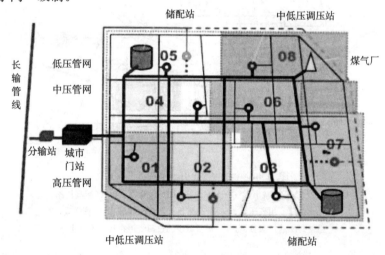

图 2-7 环状管网

2）枝状管网：以干管为主管，呈放射状有主管引出分配管而不成环状。在城镇管网中不一般单独使用。

3）环枝状管网：环状与枝状混合使用的一种管网形式，是工程设计中常用的管网形式，如图 2-8 所示为枝状管网及环枝状管网。

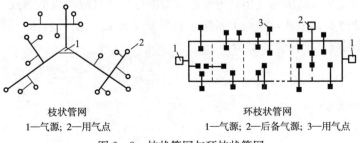

枝状管网
1—气源；2—用气点

环枝状管网
1—气源；2—后备气源；3—用气点

图 2-8 枝状管网与环枝状管网

19

（3）按燃气管网系统分类

1）一级系统：仅由低压或中压一种压力级别的管网组成。

适用性：小城镇。

特点：① 单一低压管网，系统简单，维护管理容易；

② 无需压送或只需少量压送费用，停电或押送机发生故障时，基本不妨碍供气；

③ 对供应区域大或供应量多的城镇，需较大管径而不经济。

2）二级系统：以中-低压或高-低压两种压力级别的管网组成，如图2-9所示。

适用性：供应区域较大，供气量较大的中型城市。

特点：① 输气能力较大，可用较小管径的管道输送较多数量的燃气，减少管网的投资费用；

② 合理设置中-低压调压器，能维持稳定的供气压力；

③ 维护管理较复杂，运行费用较高；

④ 需用压送机，一旦停电或其他事故，将会影响正常供气。

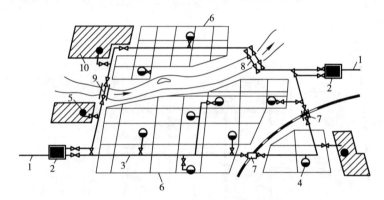

图2-9　中压A-低压两级管网系统

1—长输管线；2—城市燃气分配站；3—中压A管网；4—区域高压站；
5—工业企业专用高压站；6—低压管网；7—穿越铁路的套管敷设；
8—穿越河底的过河管道；9—沿桥敷设的过河管道；10—工业企业

3）三级系统：以低压、中压、高压三种压力级别的管网组成，如图2-10所示。适用性：供应范围大、供气量大、较远距离输送燃气的地区，节省管网系统费用。

特点：

① 高压管道的输送能力大，需用管径小，如有高压气源，管网系统的投资和运行费用都较经济。

② 采用管道储气或高压储气柜，可保证在短期停电等事故时供应燃气。

③ 因多级管道和调压器，增加了系统运行维护的难度。如无高压气源，还需设高压压送机，压送费用高，维护管理复杂。

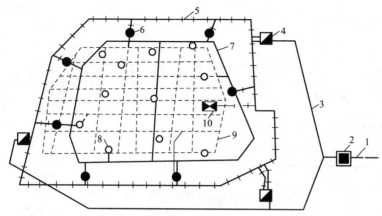

图 2-10 三级管网系统

1—长输管线；2—城市燃气分配站；3—郊区高压管道（1.2MPa）；

4—储气站；5—高压管网；6—高—中压调压站；7—中压管网

8—中—低压调压站；9—低压管网；10—煤制气厂

2.1.4 管道安装的安全距离

燃气管网巡查员应明确燃气管道安装的安全距离，在实际巡查作业时结合管线现场实际情况预计燃气管道埋设位置。当发现有第三方施工单位在燃气管道附近有施工时，可告知对方施工时应注意其工程与燃气管道的安全距离，以防由于第三方施工而造成燃气管道与后建的构筑物、各类型管线、绿化等工程的安全间距不足而产生安全隐患。

地下燃气管道与建筑物、构筑物或相邻管道之间的水平净距（m） 表 2-1

项 目		地下燃气管道压力（MPa）				
		低压＜0.01	中压		次高压	
			B≤0.2	A≤0.4	B≤0.8	A≤1.6
建筑物	基础	0.7	1.0	1.5		
	外墙面（出地面处）				5.0	13.5
给水管		0.5	0.5	0.5	1.0	1.5
污水、雨水排水管		1.0	1.2	1.2	1.5	2.0
电力电缆（含电车电缆）	直埋	0.5	0.5	0.5	1.0	1.5
	在导管内	1.0	1.0	1.0	1.0	1.5
通信电缆	直埋	0.5	0.5	0.5	1.0	1.5
	在导管内	1.0	1.0	1.0	1.0	1.5
其他燃气管道	DN≤300m	0.4	0.4	0.4	0.4	0.4
	DN＞300mm	0.5	0.5	0.5	0.5	0.5
热力管	直埋	1.0	1.0	1.0	1.5	2.0
	在管沟内（至外壁）	1.0	1.5	1.5	2.0	4.0
电杆（塔）的基础	≤35kV	1.0	1.0	1.0	1.0	1.0
	＞35kV	2.0	2.0	2.0	5.0	5.0

续表

项 目	地下燃气管道压力（MPa）				
	低压＜0.01	中压		次高压	
		B≤0.2	A≤0.4	B≤0.8	A≤1.6
通信照明电杆（至电杆中心）	1.0	1.0	1.0	1.0	1.0
铁路路堤坡脚	5.0	5.0	5.0	5.0	5.0
有轨电车钢轨	2.0	2.0	2.0	2.0	2.0
街树（至树中心）	0.75	0.75	0.75	1.2	1.2

地下燃气管道与构筑物或相邻管道之间垂直净距（m）　　　表 2-2

项 目		地下燃气管道（当有套管时，以套管计）
给水管、排水管或其他燃气管道		0.15
热力管、热力管的管沟底（或顶）		0.15
电缆	直埋	0.50
	在导管内	0.15
铁路	轨底	1.20
有轨电车（轨底）		1.00

2.1.5 燃气企业对于燃气管道、燃气设施的安全标识颜色的规定

为了将燃气管道与其他管道进行区分，燃气公司对燃气管道、燃气设施的安全标识的颜色进行了规定。一般燃气管道涂成黄色，在管道上还要标注"燃气管道"的标识和气体的流向箭头，具体要求如下：

1）庭院立管出地面至阀门（表）箱段、楼栋立管 5m 以下，楼宇天面管、楼宇裙楼环管，涂刷黄色警示环组；高压管道出地面部分涂刷红色警示环组。

2）庭院立管出地面至阀门（表）箱段管道，警示环组间距应不大于 1m，其他管道警示环组间距应不大于 3m。

3）居民用户户内管道在入户支管（如考克前）、燃具接口前或其他管道密集处涂刷黄色警示环及粘贴"燃气"安全警示标志。

4）警示环为黄色或红色圆环，环宽不小于 5cm；警示环组为三道色环，环间距为 3～5cm。

5）工、商用户室内燃气管道均为黄色。

6）正常视线范围内的地上燃气管道、设施，均须粘贴或涂刷"燃气"安全警示标志。

7）阀门箱、调压箱、流量表箱正面应喷设或粘贴"燃气"安全警示标志。

8）中压燃气管道的阀门井盖、直埋阀盖（矩形）、凝液缸盖、检测桩盖及标志桩表面漆涂黄色外环，外环中间部分漆涂红色；高压燃气管道阀门井盖、直埋阀盖（矩形）、凝液缸盖、检测桩盖及标志桩表面漆涂蓝色外环，外环中间部分漆涂红色，并设置"燃气"、"方向"等标志。

图 2-11　燃气管道、设施安全色

2.2　对燃气管网沿线的地理和生态进行巡查

由于燃气管网大都敷设在道路路面 0.8m 以下，属于隐蔽工程，巡查员无法直接用肉眼去观察并判断燃气管网的运营状况，如果发生燃气泄漏，泄漏的燃气会沿地下土层空隙扩散，使得巡查工作变得十分困难，如图 2-12 所示。巡查员主要通过燃气管道沿线进行土壤钻孔、挖深坑查漏以及通过对沿线的地理和生态的变化的观察来判断燃气管网是否存在安全隐患或已发生了安全事故。如管道沿线出现地质环境的变化（如地面开裂、滑坡、塌陷等地质环境变化）也将对燃气管网的安全运行产生影响。据研究表明，很多事故在发生前会出现一些征兆，但这些征兆往往被忽视，因而未能做到防患于未然。因此巡查员在巡察作业时应特别注意管道沿线地理和生态的变化情况。

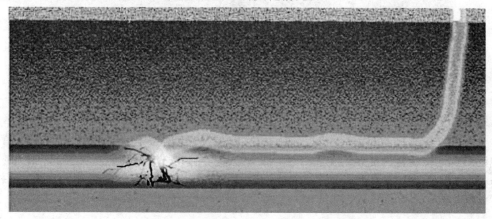

图 2-12　燃气通过土壤间隙泄漏到地面

2.2.1 钻孔检查

定期沿着燃气管道的走向，在地面上每隔一定距离（一般为 2～6m）钻一孔，用嗅觉或检漏仪进行检查，如图 2-13 所示。可根据巡查图（或施工竣工图）查对钻孔处的管道埋深，防止钻孔时损坏管道和防腐层。发现有燃气泄漏时，再用加密孔眼判别浓度，判断出比较准确的漏气点。对于铁道、道路下的燃气管道，可通过检查阀门井、检漏井以及检漏管检查漏气。

2.2.2 挖深坑

在管道位置或接头位置上挖深坑，露出管道或接头，检查是否漏气。深坑的选择应结合影响管道漏气的各种可能的原因综合分析而定。挖深坑后，即使没有找到漏气点，也可以根据坑内燃气浓度大致确定漏气点的方位，从而缩小查找范围。

图 2-13 在钻孔处使用检漏仪进行检查

图 2-14 在管道位置上挖深坑检查是否漏气

2.2.3 地理环境的变化

（1）燃气管道安全控制范围内（中压安全控制范围内是指管网左右 5m 内的地（路）面）有地理环境变化，如土壤开裂、塌陷、滑坡等异常的现象。如出现土壤开裂的情况，该地区出现地质变化的征兆。在大雨过后很容易发生滑坡、坍塌等地质灾害的。滑坡、坍塌使大量的泥土挤压在燃气管道上，使燃气管道错位或受压过载产生断裂。从而威胁到燃气管网的运行安全。

图2-15　山坡出现裂缝往往是滑坡征兆，应及时报告

1) 路面开裂：路面开裂的危害在于水从路面的裂缝渗进水分，使路基软化，导致路面的承载能力下降，从而损坏地下埋设的燃气管道。路面开裂的原因：①由于重型车辆或超载车辆在路面行驶，行车的载荷作用产生结构性破坏裂缝；②由于路面在低温收缩变形受到约束，产生拉应力或拉应变力超出路面抗拉强度而开裂。③由于地下给水管、排污管、供热管发生泄漏，造成路基水土流失，路面失去承托力而产生裂缝。

图2-16　路面开裂现象

图2-17　路面裂缝有水渗出

2) 塌陷指地表岩、土体在自然或人为因素作用下向下陷落，并在地面形成塌陷坑（洞）的一种动力地质现象。产生塌陷的原因一般为：地下排水管、污水管破裂，邻近建筑施工，大雨、大旱引起的地下水位急剧变化等都可能引起地面塌陷。

3) 塌方和滑坡：塌方是建筑物、山体、路面、矿井在自然力非人为的情况下，出现塌陷下坠的自然现象。塌方的种类主要有雨水塌方、地震塌方、施工塌方等。塌方和滑坡的原因一般为：土石本身层理发达，破碎严重，受水浸后滑动或塌落；土石本身坚固性较差，基岩面或夹层倾斜度较大，施工时破坏了坡脚而引起滑坡；土堆密实性差，堆体超过一定的要求而造成塌方。

图 2-18 路面出现塌陷现象

图 2-19 山坡滑坡

图 2-20 路基塌方

 案例：由于地理环境造成的管道断裂安全事故

  某市的一高尚住宅小区的燃气管道及小区调压柜安装在河岸边上。在河水长期冲刷下，河岸边的路下泥土被掏空，造成路面出现大量的裂缝。但由于该区域的管网燃气管网巡查员麻痹大意没有及时发现问题，错失了对该段燃气管道进行保护措施机会。在一次的大雨后管道所在的路面发生坍塌，造成燃气管道断裂，小区调压柜掉进侧旁的河道里的严重运行事故。该事故导致该小区的两千多用户停气一个星期，造成重大经济损失。

  (2) 燃气管道保护范围内有否堆积垃圾或重物的现象，如图 2-21 所示。大量的垃圾或重物在燃气管道上方堆积，如发生安全事故，抢修人员无法及时进行抢修作业。另外，垃圾或使燃气管道设备受到垃圾产生的酸性液体腐蚀，而重物会使地下的燃气管道错位或产生断裂，从而危险到燃气管网的运行安全。

  (3) 燃气管道安全范围内有误种植深根植物的现象，如图 2-22 所示。

  深根植物（如乔木）的根部往地底下的深处生长从而吸收土壤内的养分。这样的植物生长的时候强壮的根部将燃气管道缠绕，使燃气管道受到不必的外力影响。更严重的是在抢修抢险时无法将管道开挖出地面，从而延迟了抢修抢险的进度。

图2-21　堆积垃圾或重物　　　　　　　　　图2-22　深根植物

　　（4）燃气管道安全范围内有砌筑物的现象，如图2-23所示。建筑物的重压对燃气管道的危害如下：如果受到建筑物长期的重压，容易造成地表下沉压坏管道，发生燃气泄漏，泄漏后的燃气在密闭空间得不到及时扩散，达到一定浓度后遇明火就会造成爆炸；建筑物的挡道不但影响了管网定期的检查和维护，而且发生事故时还影响泄漏点的寻找，严重时，一旦燃气通过别的管道进入地下，遇明火会造成整条道路的爆炸。

图2-23　燃气管道上方砌有构筑物以及堆放大量杂物

　知识链接：

《城镇燃气设施规范》的要求：煤气管道低压0.7m、中压1.5m范围内不得有建筑物。

案例：

在 2001 年，某市一住宅小区旁的一处违章建筑搭在煤气管道上。由于建筑物的重量和地质下沉的缘故，造成管道沉降断裂煤气发生泄漏。导致了住在该建筑物内的 5 名人员煤气中毒，所幸的是没有发生燃气爆炸的事故。中毒的 5 人经抢救后都康复出院。

（5）是否存在将燃气管道作为负重支架或者电器设备的接地导线等现象。

（6）是否存在燃气管道附近进行楼宇新建或拆卸工程。楼宇新建和拆卸时会造成地质变化，影响燃气管道运营的安全。

图 2-24　在燃气管道下挂宣传横幅

图 2-25　楼宇拆卸

2.2.4　周围生态异常方面

在沿线巡查时，燃气管网巡查员还要留意管网附近的生态变化：①植物有否枯萎的异常现象（如图 2-26 所示）。由于燃气泄漏扩散到土壤中，燃气中的某些成分会影响植物的生长，从而造成植物的枝叶变黄，甚至枯萎。②燃气管道附近的水坑、泥浆有否出现无故冒泡（如图 2-27 所示）或周边有大量燃气味或臭鸡蛋气味（加臭剂）等异常的味道等现象。这些都是地下燃气管道发生泄漏重要表现。当发现有上述现象存在安全隐患的时候，燃气管网巡查员应第一时间通知公司领导安排协调员或抢修队排除安全隐患，以保证燃气管网安全运行。

图 2-26　路边不正常枯萎的植物

图 2-27　冒气泡的泥浆

2.2.5　地上燃气管道腐蚀

由于燃气管道长期受使用环境与输送介质的影响使钢管发生化学或电化学反应产生腐蚀。燃气管网巡查员在巡查作业时应加强对敷设在海边、河边、湖边或长期受水浸泡影响的燃气管道进行管道腐蚀状况的检查。有必要时应及时通知抢维修单位对管道进行维修。由于高压电缆、地铁、电气化火车所产生的杂散电流会通过接地线将杂散电流传到土壤里形成原电池效应，造成对燃气管道的腐蚀。因此燃气管网巡查员在巡查作业时应使用设备或嗅觉加强对于敷设在高压电缆、地铁轨道、电气化火车轨道附近的燃气管道进行检查。

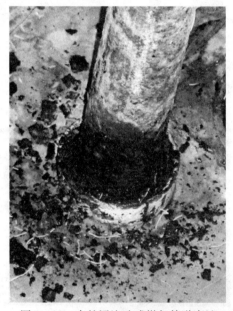 

图 2-28　水的浸泡造成燃气管道腐蚀　　　图 2-29　燃气管道被受污染的河水腐蚀

图 2-30　杂散电流造成的腐蚀穿孔

2.3　对燃气管网上的各种标识以及燃气设施、设备进行巡查

2.3.1　燃气管网上常见的标识和燃气设施设备

在实际的燃气管网巡查作业中，燃气管网巡查员应会辨认燃气设施及标识，并判断燃气管道的大致走向。在对燃气管网进行认真巡查时也应对燃气管网上的各种标识和燃气设施及设备进行巡查维护作业。

（1）地下燃气管道标志砖（桩）

燃气管道标志砖（桩）主要用于指示地下敷设的燃气管道或设施，并通过标志砖（桩）上的箭头标识燃气管道的走向。阴极保护标志桩主要用于指示阴极保护装置的位置。

燃气管网巡查员在巡查时应注意燃气管道标志砖（桩）是否被在日常使用中受损或第三方施工单位掩埋或破坏，如出现损坏时应及时通知抢维修部门及时进行维护更换受损的燃气管道标志砖（桩）。

图 2-31　各种地下管道识别砖（桩）

（2）地下燃气管道警示牌及喷漆标识

在一些无法或不适合设置永久性的标志砖、标志桩的野外，一些需要设置燃气管道位置提醒的工地，是通过设置木板制作的警示标志牌（图 2-32）或用红色的喷漆在工地围墙上、路面喷上一些警示的标语作为燃气管道位置指示标志。

燃气管网巡查员在日常巡查中应加强对施工工地里的临时性的警示牌及喷漆标识的巡

查，以防第三方施工单位在施工时对临时性的警示牌及喷漆标识破坏，造成安全隐患。如发现临时性的警示牌及喷漆标识遗失或受损，燃气管网巡查员应及时重新设置临时性的警示牌及喷漆标识，并联系该工程相关负责人要求施工时应对临时性的警示牌及喷漆标识进行保护。

图 2-32　地下燃气管道警示牌及喷漆标识

（3）地下阀门、放散设施

1）阀门：主要用于截断管道内气体流通，以便对燃气管道及燃气附属设备进行维修维护。阀门的安装形式为阀门室或阀门井，在深圳特区内现有阀门 5000 余个。

2）放散阀：主要用于作业或紧急情况下放散管道内剩余燃气，外有方形缸体和阀盖，内有金属球阀，在深圳特区内现有放散阀门就达到 4000 余个。

3）凝液缸：主要用于排除管网水等液体，地面有保护井盖和缸体，内有金属球阀，深圳特区现有凝液缸 3000 余个（由于天然气气质干燥，现主要用于放散余气）。

燃气管网巡查员在日常的巡查时应使用手持式可燃气体检测仪对阀门井进行燃气浓度检测，以判别阀门的运营状况。当阀门井被检测出有 1% 的燃气下爆浓度时，应及时通知上级领导和抢维修部门及时对阀门井内的阀门进行维修维护，事后登记填写阀门井（室）巡查的相关表格记录情况。

阀门井

凝液缸

放散阀

图 2-33 地下阀门、放散设施

由于各种原因,部分阀门井安装在繁忙的市政道路或高速公路上。阀门井受损的原因主要有以下的情况:①由于长期受重型的车辆碾压,阀门井盖在使用一定的时间后会出现损坏或被盗的情况。燃气管网巡查员在日常作业时如发现阀门受损或遗失,应及时通知抢修部门及时对阀门井进行抢维修。②道路工程施工时常将阀门井掩埋在绿化或沥青下,在出现燃气管险情时无法找寻阀门井的位置,延误了关闭阀门进行抢修。因此燃气管网巡查员发现有道路施工时,应及时通知施工单位告知燃气阀门井的位置,让道路施工单位采取必要的措施保护燃气阀门井露出。如发现阀门井已经被道路施工掩埋,应及时通知上级领导并联系道路施工单位协商如何对阀门井进行抢修。

图 2-34 道路施工将阀门井掩埋

图 2-35 长期受车辆碾压导致阀门井受损

图 2-36 阀门井盖被不法分子盗窃

（4）管道检测设施

检测桩、检测井：牺牲阳极检测桩，是用来跟踪检查管网的牺牲阳极保护装置运行状况的设施。牺牲阳极检测桩多用于山地，桩内有连接线直接连接在管道上，检测井用在市政路段，通常每 250m 左右就设有一个。

燃气管网巡查员在日常的巡查时主要观察牺牲阳极检测桩、检查井是否完备，有否被第三方施工或流浪人员损坏。在牺牲阳极检测桩、检查井附近有否如探测、施工工具设备的进场驻扎、建筑围闭等工程施工的先兆出现，从而判断牺牲阳极检测桩、检查井是否存在受破坏的风险。

检测桩

检测井

图 2-37 管道检测设施

（5）次高压管网阀室、阀井设施

为了方便对燃气管道进行维护，一般在燃气管网系统中都设有多个手动阀门，并设阀门井对手动阀门进行有效的保护。阀井井盖由数条厚 10cm 左右的混凝土条组成，井盖上喷有阀门编号；井盖上还喷有"高压天然气"、"危险勿动"等字样。

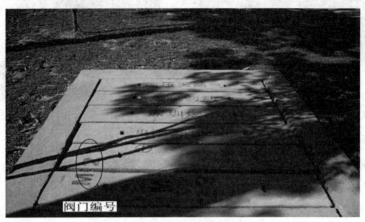

图 2-38 阀门井

在天然气次高压管网系统中，大约每 5km 就设置有一个电液联动阀门，统称电动阀。燃气公司的中央监控调度中心在日常通过光纤电缆和计算机对燃气管道的流量、压力进行监测，以此判断燃气管道运行的状况。在出现燃气泄漏等紧急情况下也可以通过光纤电缆对电动阀可以进行远程控制操作。

图 2-39 高压燃气阀门室

燃气管网巡查员在日常的巡查时主要使用手持式可燃气体检测仪对阀门室、阀门井内的空气进行燃气浓度检测。对阀门室、阀门井的外观、附属设施进行检查。如出现日常使用中损坏、人有破坏、盗窃等情况出现应及时通知上级领导和抢维修队及时进行维护维修，并如实登记阀门室、阀门井的相关巡查登记表。

2.3.2 巡查燃气设施的完备性

1）燃气设施外露在地面部分有否防腐层破损脱落；

2）管道管码有无锈蚀变形，出地套管口封堵是否密封；

3）燃气设施的连接部位有无泄漏现象；

4）燃气设施本身是否完整、有无变形；

5）燃气设施的标志桩（牌）是否齐全准确以及有否受到周围环境影响【如周边有无危害安全的占压建（构）筑物；设施有否保持清洁有否积（污）水】等等。

2.3.3 对燃气用户进行定期的回访

定期向燃气管网附近的单位、用户和小区或楼宇物业管理处询问有关燃气管网是否存在运行的异常情况；询问管网附近的单位、用户和住宅小区管理处近期有没有在燃气管网附件进行植树、绿化、维修管网等有可能危害燃气管网的施工计划。并每年与管网附近的单位、用户和住宅小区管理处签订《小区巡查联系函》。如进入小区巡查时，可以向小区管理处相关负责人询问燃气管网运行的异常情况。

 知识链接：如何与小区管理处联系

拜访小区或楼宇物业管理处前，最好提前与物业管理处的相关负责人或维修工程师约好拜访时间。如果没有与物业管理处负责人约好拜访时间，就直接登门拜访，那是对物业管理处的一种不尊重和非常鲁莽的一种行为。有时会因知情的负责人有其他工作任务不在办公室，导致燃气管网巡查员无法在知情的负责人口中了解燃气管网在住宅小区内的运行情况。

一般来说，上午9点到11点半、下午2点到4点之间是非常适合拜访客户的时间。在这个时间段拜访物业住宅小区管理处为佳，一方面小区或楼宇物业管理处正好处于上班时期，双方精力都很充沛，精神状态也非常不错。

原则上，不赞同上午或下午刚上班时间就去拜访小区或楼宇物业管理处，因为这种时候，往往是小区或楼宇物业管理处处理杂事、安排工作的时候，小区或楼宇物业管理处内的工作人员会非常忙，其重心和关注度也不在反映燃气管道情况上。

管线燃气管网巡查员必须提前准备好相关的拜访资料。包括：关于燃气管道保护的宣传资料、个人名片、笔记本（公司统一发放，软皮笔记本，显得大气和规范化，用于记录客户提出的问题和建议）等。

管线燃气管网巡查员一定要提前到达拜访地点。管线燃气管网巡查员一定要先计算到达小区或楼宇物业管理处的大致时间，并预留出一些机动时间。宁可自己早到而忍受等待的煎熬，也绝对不能让小区负责人感到自己没有得到足够的尊重。一般来说，管线燃气管网巡查员应该提前10～60分钟抵达拜访管线燃气管网巡查员一定要提前到达拜访地点。如果管线燃气管网巡查员到达拜访地点的时间很早，那么管线燃气管网巡查员可以先熟悉一下周围环境，同时整理自己形象，回顾拜访的原因和需要小区或楼宇物业管理处协助的事项。燃气管网巡查员适宜在约定时间前15分钟左右的时间内给负责人去电话，表示自己已经到达拜访地点，等待负责人的会见。有些燃气管网巡查员提前30分钟或40分钟抵达拜访地点，一到地点立即就给小区或楼宇物业管理处去电话，这样显得很不礼貌，而且说明这个燃气管网巡查员也没有良好的素质，让小区或楼宇物业管理处负责人感觉心里不舒服的。

与小区或楼宇物业管理处负责人或维修工程师沟通用语："先生（小姐），您好。我是深圳燃气的燃气管网巡查员，这是我的工作牌（出示工牌）。主要负责本小区地下燃气管网的巡查。为确保该小区地下燃气管网安全，保证正常供气，我会不定期来这里检查。如果贵单位发现小区内有开挖施工现象，如植树、绿化、维修管网等请及时拨打客服热线电话报告我司，我司会安排巡查人员现场监护。希望管理处配合我司的工作，共同维护地下燃气管网的安全。"

第3章 防止第三方施工对燃气管网破坏的保护措施

引发地下燃气管网事故的因素是：①管道腐蚀；②第三方施工破坏；③设备自身故障；④运行管理操作失误等因素。但因第三方施工而造成燃气管网事故较为突出。随着城市的发展，市政建设也跟随着不断开展。地下铺设的燃气管网因部分的施工单位无视地下管道设施安全，对燃气管道设施的安全保护意识淡薄，贪图一时的方便，在没有与燃气公司协商及交底，探明地下燃气管道的走向情况下强行施工，造成燃气管道频频受到破坏。

据统计，深圳市2007年人为破坏造成地下燃气管网发生事故统计中第三方施工的开挖造成的燃气管道损坏的比例占了96%，而碾压和钻探所造成的损伤均占2%。由此可见加大对燃气管道附近的第三方施工的监控能有效预防燃气管道受伤的方法。

深圳市2007年人为破坏造成地下燃气管网发生事故统计表 表3-1

季度	人为破坏事故起数					外单位施工工地数
	开挖	撞击	碾压	钻探	合计	
一季度	10	0	0	0	10	102
二季度	19	0	0	1	20	91
三季度	17	0	1	0	18	141
合计	6	0	1	1	48	334

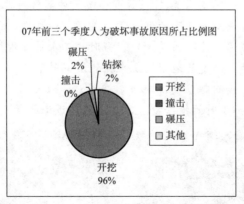

图3-1 人为破坏事故原因比例图

3.1 第三方施工破坏的主要原因与主要破坏形式

下列典型的工程可对燃气管道产生相当大的危害：机械挖掘、打桩、爆石工程、非开挖工程、管道迫破、隧道工程、深坑挖掘、钻探、永久或暂时性的覆土减少、地震或泥土测量、烧焊或热力工程、在燃气管道上或附近兴建或清拆楼宇、土地修葺或树木种植等相关工程。

而第三施工单位施工时造成地下燃气管道发生燃气泄漏事故常见的原因：

（1）施工前未按规定与燃气公司联系查明施工区域地下管道燃气设施分布情况。擅自开始施工，造成管道燃气设施损坏。

（2）已经知道施工影响范围内管道燃气设施分布情况，但未制定有效的保护措施或不遵守已经制定的保护措施，违章违规施工，造成管道燃气设施损坏。

（3）施工引发的其他意外事故（如塌方等）造成管道燃气设施损坏。

（4）修建道路、绿化或建构筑物时损坏、掩盖燃气管网标志桩、凝液缸、井盖、阀门井盖等管道燃气设施。

（5）部分单位或个人（小区、别墅的业主）修建建构筑物，占压、封闭、暗埋管道燃气设施，给燃气设施运行管理、维护维修都造成了很大的隐患。

（6）部分市政设施的改建、改造、扩建也造成与管道燃气设施的安全距离不够，甚至占压、封闭、暗埋管道燃气设施，形成隐患。

（7）不法分子偷盗燃气阀门井盖、阀门启闭设施、燃气管网标志桩、凝液缸井盖等设施。

从表3-1统计表和图3-1比例图可发现，机械挖掘仍然是造成人为破坏事故的主要原因，占人为破坏事故总数的96%，碾压及钻探各占2%。因此，防止第三方施工燃气管道和设施的破坏工作中，预防开挖破坏是主要的工作方向。

下面一些案例让我们更深刻体会到第三方施工对燃气管道的安全威胁：

3.1.1 第三方施工开挖造成燃气管道的危害

 案例：深圳市华富路地下通道工程抢修抢险

2005年5月12日零时10分左右，深圳市福田区华富路附近某施工工地采用机械开挖进行地下通道工程时，将埋藏在地下的燃气管道挖破，造成埋设该处地下燃气管道断裂并造成大量燃气泄漏于电缆沟、地下通道等处。当时施工人员发现燃气管道挖破后并没有及时通知燃气公司或者报警，而是就地用泥土来掩埋泄漏的管道，结果在半个小时后，泄漏的天然气浓度越来越高，最后导致连环爆炸。事故造成1女子死亡，另有16人受伤，多辆汽车损坏。经过约18个小时的抢修抢险，该地段才逐渐恢复正常供气。

图3-2 被炸毁的电缆 　　　　　　　　　图3-3 被炸毁的路面

图3-4 被挖断的燃气管道

事后调查发现此次事故发生的原因属于人为破坏。是第三方施工单位野蛮施工造成燃气管道被挖断致使燃气泄漏造成该事故的发生。另据报社记者调查发现在"5·12"事故中，建设单位、施工单位的项目工程师、设计师等都对工地燃气管道分布非常清楚，但却没有告知当时施工的开挖人员，导致盲目施工挖断了管道。

3.1.2 钻探勘探对燃气管网的危害

第三方施工单位使用机械开挖对燃气管道有巨大的破坏力外，另一个对燃气管网造成巨大破坏的施工作业是在燃气管网周边钻探勘探或顶管施工。

 案例：深圳南山区白石路燃气泄漏事故

2008年11月22日20时许，南山区白石路与石洲中路交界处某施工单位在没有办理任何手续和确认地下管网走向的情况下，带着侥幸心理非法偷偷在夜间施工钻探，将地下DN200的PE市政干管钻穿导致大量燃气泄漏施工挖破煤气管道，天然气喷出有1米多高，消防车赶到现场后用高压水枪往漏气点喷水，稀释泄漏气体，事故由于处置及时没有人员伤亡，但还是造成约2000用户停气。

图3-5 肇事的钻探机

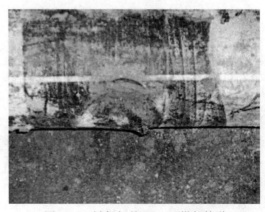

图3-6 被损坏的DN200燃气管道

3.2　预防第三方施工对燃气管道破坏的作业巡查流程图

　　第三方野蛮施工危害燃气管道及燃气设施的安全运行，影响城市各个用气企业或发电厂的正常生产。同时也对燃气管道周边人民群众生命财产有严重的威胁。因此燃气管网巡查员在日常巡查时，必须认真细心地按工作流程进行巡查作业，并且根据现场实际情况去分析和处理问题，这样才能事半功倍地完成第三方施工的巡查任务。预防第三方施工破坏的巡查工作流程图如图3-7所示。

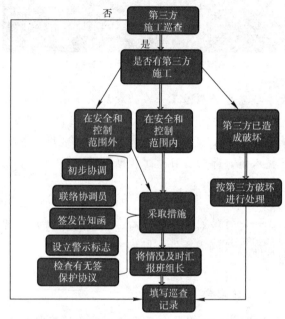

图3-7　预防第三方施工破坏巡查作业流程图

3.3　预防第三方施工对燃气管道破坏的措施

　　由于燃气管道及设施受第三方施工破坏影响的普遍性和严重性，燃气管网巡查员在日常管网巡查过程中应特别注意第三方施工对燃气管道的即时或潜在的危害。

　　1）查看燃气管道安全控制范围内有无第三方施工。如发现第三方正在施工，应根据现场的情况判断该工程是否会对燃气管道有直接或间接的影响。燃气管网巡查员应主动告知第三方施工单位燃气管道的位置，并在地面使用喷漆标出燃气管道的位置。

图3-8　查看第三方施工是否在燃气管道安全控制范围内

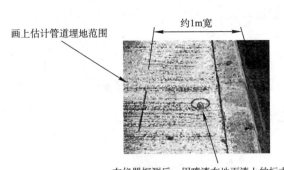

图3-9 使用喷漆将燃气管道位置标出

图3-10 查看第三方施工
是否危害燃气管道，并作出提醒

2）观察第三方施工时有无造成燃气管道裸露、悬空或损坏等现象。当燃气管道被第三方施工单位挖出造成裸露，燃气管网巡查员应使用手持式可燃气体检测仪对裸露的燃气管道进行检测。确定燃气管道安全没受损泄漏后，管网巡查员应在裸露的燃气管道上张贴"小心，带气燃气管道"等带警示标语的警示贴纸。并要求第三方施工单位或通知抢维修部门尽快利用沙包掩埋裸露的燃气管道进行临时性的保护。

图3-11 PE燃气管裸露

图3-12 在外露的燃气管道上粘贴警示标志贴纸

第三方施工单位在施工时将燃气管道下方开挖沟槽造成燃气管道悬空时，第三方施工单位应对燃气管作出对应的保护措施。在燃气管道上方安放悬挂支撑燃气管道的工字钢，工字钢两端超工作坑边3m，以防止工作坑泥土坍塌造成支撑失效。对燃气管道悬挂支撑可使用尼龙吊带或钢丝绳，使用钢丝绳时应在钢丝绳与燃气管道接触处防止橡胶垫以加大钢丝绳的受力面积，减少钢丝绳对燃气管道的损害防止钢丝绳对燃气管道造成

图3-13 管道悬空

二次伤害。在对燃气管道悬挂支撑时应每隔 2 米设置一个悬挂点，在管道接口处左右各 0.6m 处设置悬挂点以保证燃气管道的支撑。

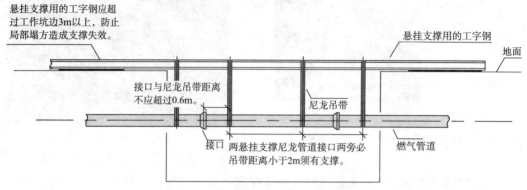

图 3-14　外露燃气管道典型临时支撑法

3）观察第三方施工有无造成燃气管网上的警示标志、管道示踪标志及燃气管道保护盖板等附件的损坏。当燃气管网巡查员发现设置的燃气管网警示标志、管道示踪标志及燃气管道保护盖板被掩埋、损坏、遗失，应立即使用喷漆在该段燃气管道附近的墙壁、路面喷上警示标识，并联系第三方施工单位负责人交代燃气管网的位置和燃气管网警示标志、管道示踪标志及燃气管道保护盖板作用，请求第三方施工单位对燃气管网警示标志、管道示踪标志及燃气管道保护盖板做好保护措施。在对损失情况作登记后通知抢维修部门或燃气管网巡查员次日重新安放警示标志。

图 3-15　有无破坏燃气警示牌

图 3-16　有无破坏保护盖板

4）观察并判断工程施工中有无可能导致发生安全事故的野蛮施工行为。燃气管网巡查员发现第三方施工单位在燃气管道附近使用挖泥机进行开挖作业时，应立即上前阻止机械开挖施工。如第三施工单位不听劝阻继续野蛮施工，燃气管网巡查员应及时上报上级领导和公安机关。

图 3-17 有无野蛮施工

图 3-18 燃气管网附近严禁使用机械开挖

5）观察判断有否因第三方施工单位对道路进行临时性降土或永久性降土造成燃气管道埋深过浅。燃气管网巡查员如发现第三方施工单位对道路进行降土导致燃气管道埋深过浅不符合规范要求时应要求第三方施工单位按《城镇燃气设计规范》构造管道混凝土燃气管槽对燃气管道进行保护（详见 3.5.3《在燃气管道上方修筑公路、桥梁的保护》）。如降土只是临时性施工措施，第三方施工单位应设置沙包堆放在覆土过浅的燃气管道上方以作保护。

图 3-19 道路施工造成临时或永久性
降土，造成煤气管道埋深不足

图 3-20 道路施工临时降土造成外露的燃气管道
应用沙包做临时保护

 知识链接：《城镇燃气设施规范》的要求

1. 规划区域内的燃气中压干管原则上布置在道路人行道下，采取直埋敷设。

2. 穿越主要道路、铁路时均设保护套管。

3. 地下燃气管道埋设的最小覆土厚度（路面至管顶）应符合下列要求：

1）埋设在车行道下时，不得小于 0.9m；

2）埋设在非车行道（含人行道）下时，不得小于 0.6m；

3）埋设在机动车不可能到达的地方时，不得小于 0.3m；

4）埋设在水田下时，不得小于 0.8m。

3.4　加强第三方施工巡查

3.4.1　加强巡查任务书

燃气管网巡查员一旦发现燃气管网受到第三方施工单位施工的即时危害或潜在危害时都应立即上报上级领导。上级领导在接到报告后发出加强对受第三方施工影响的管网的《加强巡查任务书》。燃气管网巡查员接到《加强巡查任务书》后应按任务书中提及的要求和注意事项立即对该段燃气管网进行蹲点巡查。

SGC/A-A-17.23-2008（A版）附件5：加强巡查任务书；
附件版本号：A，修订时间：2008年10月

深圳市燃气集团股份有限公司
加强巡查任务书

________巡查员：

为确保地下燃气管道及设施的安全，________________区域的燃气管道属于重点管段。请依照程序文件有关规定，自___月日至___月___日，对该区域的地下燃气管道及设施实施加强级巡查，并做好巡查记录。重点加强巡查监护内容如下：

1、

2、

接单人：________　　　巡查组长：________

日 期：　　　日 期：

深圳市燃气集团股份有限公司
加强巡查任务书

________巡查员：

为确保地下燃气管道及设施的安全，________________区域的燃气管道属于重点管段。请依照程序文件有关规定，自___月日至___月___日，对该区域的地下燃气管道及设施实施加强级巡查，并做好巡查记录。重点加强巡查监护内容如下：

1、

2、

接单人：________　　　巡查组长：________

日 期：　　　日 期：

图 3－21　加强巡查任务书

3.4.2　观察施工情况，核实施工方是否已签订保护协议

1）对于开挖或施工工地项目已经在燃气公司办理了《施工现场燃气管道及设施确认表》的确认工作并签订了《施工现场燃气管道及设施安全保护协议》，施工单位严格按照保护协议要求在履行保护燃气管道的措施时，燃气管网巡查员直接在巡查记录中做好记录；

2）对于开挖或施工工地项目已经在燃气公司办理了《施工现场燃气管道及设施确认表》的确认工作并签订了《施工现场燃气管道及设施安全保护协议》，但施工单位在施工过程中未按照保护协议的要求履行保护燃气管道的措施，其施工已对周边燃气管道及设施的安全运行构成隐患时，燃气管网巡查员应立即报告协调员处理，敦促施工方按保护协议进行施工，做好巡查记录；

3）对于开挖或施工工地项目还未办理《施工现场燃气管道及设施确认表》的确认手续的，燃气管网巡查员应当立即向工地建设单位负责人签发《施工工地燃气管道保护协议联系函》，并立即通知协调员处理。

图3-22 第三方施工单位负责人签订《施工现场燃气管道及设施确认表》

 知识链接：与第三方施工单位沟通要点

加强巡查期间，为达到施工方安全施工，从而保护燃气管道及设施的目的，与施工方的沟通协调交流很重要。

沟通要点如下：

1）问——向现场负责人仔细询问施工进度，近期施工内容及有无重大开挖施工，开挖机械司机是否清楚地下管管位；

2）察——现场警示标志是否明显、是否被破坏，管道周围有无塌方出现，管道上方有无重物堆积；

3）记——将了解到的以上内容及对施工单位的要求填写在《施工现场燃气管道巡查协调记录表》中并各方签字确认。

3.5 判断第三方施工单位对燃气管道保护措施

当第三方施工单位施工时出现对燃气管道造成即时危害或间接危害的时候，燃气管网巡查员应建议施工单位为燃气管道进行适当的保护措施，以防安全事故的发生。

3.5.1　深挖沟槽支护结构

当第三方施工单位需要在燃气管道安全保护范围内进行深挖沟槽或基坑开挖时，施工单位应边施工边设置支护结构对深挖沟壁进行保护防止沟壁坍塌。支护结构主要作用是支持土壁，当沟槽土质较差、深度较大而又必须挖成直槽的时候，或地下水位高、土质为砂型土质并用表面排水措施时，均应设支护结构。支撑宜用松木或杉木，不宜用杂木；也可用钢制槽型板。此外钢板桩、混凝土板桩及水泥土搅拌桩等围护结构还兼有不同程度的隔水作用，从而提高土壤的凝固性，有效防止水土流失而造成附近的燃气管道的安全事故。随沟槽开挖的深度增大，土压也随之增加，支撑结构可能发生变形，所以施工单位应经常检查、加固，使支撑牢固、可靠。这样才可保证基坑或沟槽附近的燃气管道不会因水土流失造成的地质变化而造成安全事故。

沟槽支撑的方法一般有以下三种：

1）间断式水平支撑，如图 3-23 所示。挡土板水平放置，中间留出间隔，然后两侧同同时对称立上竖枋木，再用工具时横撑上下顶紧。这种方法适用于挖掘湿度小的黏性土及挖掘深度小于 3m 的沟槽。

2）连续式水平支撑，如图 3-24 所示。挡土板水平放置，互相靠紧，不留间隔，然后两侧同时对称立上枋木，上下各顶一根撑木，端头加木楔楔紧。这种方法适用于挖掘较潮湿或散粒的土以及挖土深度小于 5m 的沟槽。

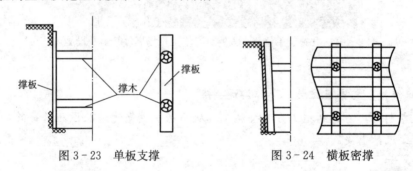

图 3-23　单板支撑　　　　　　　图 3-24　横板密撑

3）连续式垂直支撑，如图 3-25 所示。挡土板垂直放置，然后两侧上下各水平放置横枋木 1 根，用撑木顶紧，再用木楔楔紧。这种方法适用于挖掘松散的或湿度搞的土。

基坑多数采用重力式挡土墙对基坑坑壁的土壤进行防护，如图 3-26 所示。

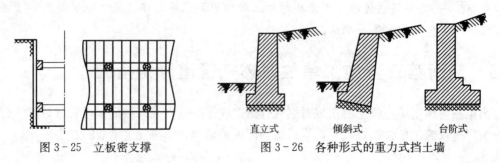

图 3-25　立板密支撑　　　　图 3-26　各种形式的重力式挡土墙

3.5.2 对燃气管道进行回填

第三方施工单位如将燃气管道挖出时，应避免管道长期暴露造成的对燃气管道受损，因此尽早按规定使用回填土或石粉将外露的燃气管及管沟回填，并对燃气管道进行适当的保护措施。

对管沟局部超开挖部分应回填夯实，回填时必须保证管道及管道借口、防腐层不受损伤。在管沟超开挖在 0.15m 以内可用原土回填夯实，其密度不应低于原地地基天然土的密实度；超挖在 0.15m 以上者，或当沟底有地下水，或沟底土层含水量较大时，应将沟内的积水排除并使用石粉处理，其密实度不应低于 95%，以免形成夹水覆土产生"弹性土"。否则当泥土内的水分挥发后，在重力的挤压下，就会造成路面沉陷。回填土应选用无腐蚀性、无砖瓦、无大石等硬块并且较干燥的土，如情况容许建议沟槽回填全部采用石粉，不得含有碎石、砖块、垃圾等杂物，回填密实度为 95%。回填时应实管底，再同时投填管道两内侧，最后回填至原路面标高。回填时应分层夯实，每层厚度为 0.2～0.3m，管道两侧及管顶以上 0.5m 内必须人工夯实，超出管顶 0.5m 以上可使用小型机械夯实。

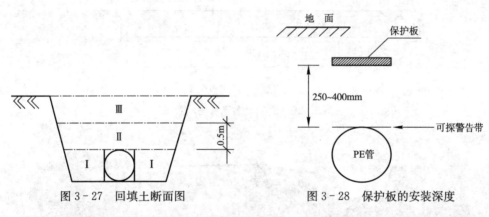

图 3-27 回填土断面图   图 3-28 保护板的安装深度

为了警示第三方施工单位和保护燃气管道安全。在燃气管道施工完毕回填时应在燃气管道上方距管顶 250mm～400mm 位置安置由混凝土或 PE 材质制造的燃气保护警示板。

3.5.3 在燃气管道上方修筑公路的保护

在立交、公路的施工中经常遇到新建公路、匝道建筑在燃气管道上方，或绿化带、非机动车道改机动车道。而这些的燃气管线多按在绿化带下埋深设计的，因此若不采取保护措施，燃气管道将无法承受机动车道上的载荷。一般保护措施是在燃气管道两端砌混凝土支墩，在上方放置钢筋混凝土盖板，管道两侧及上方用河沙回填。

3.5.4 严禁在存有燃气管道的工作坑上方堆放石块

当第三方施工单位开挖的工作坑中存有燃气管道时，工作坑左右两侧严禁堆放余泥石块、建筑用砖块、钢材等物品。防止余泥石块、建筑用砖块、钢材等物品意外掉进工作坑造成工作坑内的燃气管道受损。

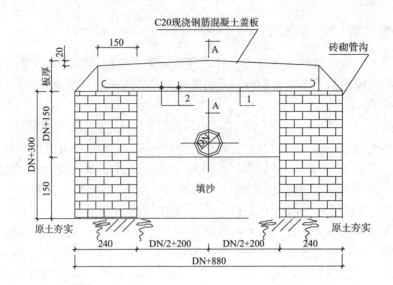

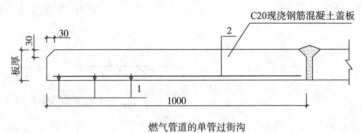

燃气管道的单管过街沟

图 3-29　混凝土燃气管槽示意图

图 3-30　在存有燃气管道所在的工作坑上方堆放石块

3.6 发生燃气泄漏突发事件的处理

如施工方现场施工已造成燃气泄漏，应协同施工现场负责人立即疏散现场人员，在无燃气泄漏区域向调度中心或巡查组班组长报警，设立警戒线（能闻到燃气味的区域均应在警戒范围内，警戒范围内不得有人员），防止警戒区域内产生明火，切断电源、禁止电话，禁止车辆通行，等待抢修等相关人员到场，并配合抢修人员进行抢修。

图 3-31 燃气泄漏时，立即疏散泄漏点附近的人员

图 3-32 在安全情况下将情况汇报公司领导及联系抢修队

图 3-33　设立警戒线对现场作出有效隔离

图 3-34　燃气泄漏现场采取防范措施

第4章　巡查资料的填写与信息管理

4.1　资料的填写

（1）在日常的巡查中，中压的燃气管网巡查员填写：《地下燃气管网巡查记录函》、《地下燃气管网设施巡查等级表》等表格。而次高压的燃气管网巡查员就填写：《天然气高压、次高压管道巡查记录表》、《天然气高压阀门巡查记录表》、《天然气高压次高压阀室巡查记录表》、《山地管线巡查记录表》等表格。

地下中压燃气管线巡查记录表　　　　　　　　　　　表4-1

时　间	巡查路段（小区）	巡查情况记录
时　　分		
时　　分		
时　　分		
时　　分		
时　　分		
时　　分		
时　　分		
时　　分		
时　　分		
时　　分		
时　　分		
时　　分		
时　　分		
时　　分		

巡查情况说明：

巡查要求：

1. 巡查人员按照规定周期实施燃气管线巡查；

2. 巡查人员按管线内容巡查，情况正常时在"巡查情况记录"栏内打"正常"；

3. 如发现问题如实填写，并在补充说明栏内详细说明，巡查组组织处理，形成隐患处理的闭环。

巡查人：　　　　巡检时间：＿＿＿＿年＿＿＿＿月＿＿＿＿日　　　巡查组长：

地下中压燃气管网阀门巡查记录表 表 4-2

阀门 ID 号	无泄漏	无占压	未被埋	井内积水	阀门启闭情况	放散阀	管道防腐	井内清洁	安全标识	其他

巡查情况说明：

巡查要求：

1. 巡查人员按照规定周期实施燃气阀门巡查；
2. 巡查结果为正常的在巡查记录栏内打"√"；
3. 巡查发现问题时打"X"，并在巡查情况说明栏内详细说明，巡查组组织处理，形成隐患处理的闭环。

巡查人： 时间：_____年_____月_____日 巡查组长：

地下中压燃气管网凝液缸巡查记录表 表 4-3

凝液缸 ID 号	无漏气	无占压	未被埋	未被压	缸体内积水	放散阀	防腐	填沙	安全标识	其他

巡查情况说明：

巡查要求：

1. 巡查人员按照规定周期实施凝液缸巡查；
2. 巡查结果为正常的在巡查记录栏内打"√"；
3. 巡查发现问题时打"×"，并在巡查情况说明栏内详细说明，巡查组组织处理，形成隐患处理的闭环。

巡查人： 巡查时间：_____年_____月_____日

次高压管道巡查记录表　　　　　　　　　表 4-4

巡查日期：　　　年　　月　　日　　　　　　　　　　　　　　　　　　天气：

时间	桩号范围及（特征点）	管道周边地形地貌（塌陷、滑坡、冲刷、种树、裸露）	第三方施工影响（开挖、施工、碾压）	管道上方占压情况（搭建、构筑、取土）	标志桩状况（缺损、掩埋、丢失）	阳极测试桩状况（积水、井盖、掩盖）	天然气（检漏）	相邻新埋设管线（或构筑物）的距离及内容
时 分	A 线（凯丰路～梅坳九路山脚下）＊							
时 分	A 线（A13M 梅林调压站）							
时 分	B 线 Z01～Z81（安托山～青海大厦）							
时 分	B 线 Z81～Z107（福田中医院至新洲立交东侧）＊							
时 分	B 线 Z107～Z159（彩田西阀室 BE1）							
时 分	B 线 Z159～Z203（皇岗路西至笔架山）＊							
时 分	B1 线 Z01～Z39（B1M～赛格日立）							
备注						处理措施：		

巡查说明：1. 巡查人员按照巡查要求进行巡查，在相应栏中情况正常打"√"异常打"×"，异常情况在备注栏中说明。
　　　　　2. 带"＊"的管段燃气管网巡查员必须徒步巡查。

巡查人：　　　　　　　　　　　　　　　　　队长：

次高压天然气管道阀室巡查记录表　　　　　　表 4-5

日期：　　　年　　月　　　　　　　　　　　　　　　　　　　　天气：

阀室编号	到达时间	压力 Mpa	主阀状态		放散阀状态	查漏情况	设备完整情况							其他		
			要求状态	检查状态			阀门控制箱	仪表	供电	照明	UPS	RTU	消防器材	防腐情况	清洁情况	外观及标志标识
彩田西室阀（BE1）	日　时　分															
沙河东阀室（CE1）	日　时　分															
沙河西阀室（CE2）	日　时　分															
备注	BE1、B2E、CE2、C1E 阀室政治筹建中，目前处于阀井状态；									处理措施：						

巡查说明：1. 阀室应按确定周期检查。2. 放散阀要求处于关闭状态。3. 设施完好在相应栏中打"√"异常"×"异常情况在备注栏说明。

巡查人：

天然气管道阀井巡查记录表　　　　　表 4 - 6

巡查日期：　　　年　　月　　　　　　　　　　　　　　　　　　　　　天气：

阀井编号	到达时间	主阀状态		放散阀状态	测漏情况	清洁及积水情况	井盖情况	防腐情况	占压情况	标志标识	其他
		要求状态	检查状态								
梅林支线阀井（A13M）	日　时　分										
三星视界阀井（B1M）	日　时　分										
红岭东阀井（B3M）	日　时　分										
金威支线阀井（B4M）	日　时　分										
留仙洞阀井（C1M）	日　时　分										
码头路阀井（D1M1）	日　时　分										
备注						措施					

巡查说明：1. 阀井应按确定周期检查。
　　　　　2. 放散阀要求处于关闭状态。
　　　　　3. 如遇积水应注明"多"或"少"。
　　　　　4. 设施完好在相应栏中打"√"异常打"×"，异常情况在备注栏说明。

巡查人：　　　　　　　　　　　　　　　　　　　　　　　　　　队长：

山地管线巡查记录表　　　　　表 4 - 7

巡查日期：　　　年　　月　　　日　　　　　　　　　　　　　　　　　天气：

时间	桩号范围及（特征点）	管道周边地形地貌（塌陷、滑坡、冲刷、种树、裸露）	第三方施工影响（开挖、施工、碾压）	管道上方占压情况（搭建、构筑、取土）	标志桩状况（缺损、掩埋、丢失）	阳极测试桩状况（积水、井盖、掩盖）	天然气（检漏）	相邻新埋设管线（或构筑物）的距离及内容
时　分	A线 民康路与梅观交汇处							
时　分	A线 福盈混凝土厂							
时　分	A线 坂田收费站							
时　分	A线 龙华二线调压站							
时　分	A线 梅林关							
时　分	A线 南坪快速桥底							
时　分	A线 山 顶							
时　分	A线 果 园							
备注					处理措施：			

巡查说明：1. 巡查人员按照巡查要求进行巡查，在相应栏中情况正常打"√"异常打"×"，异常情况在备注栏中说明。

巡查人：　　　　　　　　　　　　　　　　　　　　　　　　　　队长：

（2）如发现有第三方单位在燃气管网附近施工时，燃气管网巡查员就要填写并给第三方施工单位签发《告知函》、《燃气管道保护协议》并且上报班组长或管网运行工程师通知协调员来处理问题。燃气管网巡查员回到公司后必须将所有的函件副本归档到相对应的文件夹上。

施工现场燃气管道设施安全保护协议

甲方：建设单位（全称）

乙方：施工单位（全称）

丙方：监理单位（全称）

丁方：_____

根据《中华人民共和国安全生产法》、《中华人民共和国建筑法》、《建设工程安全生产管理条例》、《广东省燃气管理条例》、《深圳市燃气条例》、《深圳经济特区安全管理条例》等法律法规的规定，为保护深圳市施工现场燃气管道及设施的安全，防止事故发生，经肆方协商，达成以下施工现场燃气管道及设施的安全保护协议：

第一条　甲方在工程开工前，应将城建档案部门出具的地下综合管线查询结果，以及位于深圳市_____区_____路的_____。_____工程的施工范围、内容、工期以及建设红线总平面图等资料提供给丁方，并落实专人负责与丁方联络具体事宜。

第二条　丁方接到甲方提供的有关资料后，在二个工作日内核准施工范围及影响区域内是否存在地下燃气管道及设施，并向甲方、乙方和丙方提供该施工及影响范围内燃气管道及设施的图纸资料。

第三条　燃气管道及设施的具体位置必须通过现场探查核实确认。甲方依据已取得施工及影响范围内燃气管道及设施的图纸资料，组织乙方、丙方、丁方四方共同进行断面开挖探查，以确定施工现场燃气管道的实际具体位置，明确燃气管道及设施的安全保护范围及安全控制范围，将详细情况及有关说明填入《施工现场燃气管道及设施确认表》内"施工现场燃气管道及设施、保护范围、控制范围示意及说明"栏（见附件）。

丁方在已探明的燃气管道及设施上方设置"燃气管道，注意保护"等安全警示标识，将标识详细情况及有关说明填入《施工现场燃气管道及设施确认表》内"施工现场燃气管道及设施警示标识布置及数量示意及说明"栏（见附件）。

第四条　燃气管道设施的安全保护范围及安全控制范围：

（一）安全保护范围：

1. 低压、中压管道管壁及设施外缘两侧1米范围内的区域；

2. 次高压管道管壁及设施外缘两侧2米范围内的区域；

3. 高压、超高压管道管壁及设施外缘两侧5米范围内的区域。

（二）安全控制范围：

1. 低压、中压管道的管壁及设施外缘两侧1米至6米范围内的区域；

2. 次高压管壁及设施外缘两侧2米至10米范围内的区域；

3. 高压、超高压管道管壁及设施外缘两侧5米至50米范围内的区域。

第五条　乙方应根据燃气管道已探明的情况、燃气管道保护和控制范围，由乙方项目经理组织编制相应的燃气管道及设施保护方案和应急处置措施。燃气管道及设施保护方案和应急处置措施应经丙方项目总监审核，甲方同意盖章认可并报丁方备案，否则，甲方不得申请开工，且丁方可随时通知其他方解除本协议，通知到达其他各方时，协议解除。

在燃气管道及设施保护方案和应急处置措施编制过程中，丁方应予以指导，如编制过程中产生争议的，由各方申请市建设局组织专家论证后协调解决。

第六条　丁方应在收到由甲方提交的该工程燃气管道及设施保护方案和应急处置措施后 1 个工作日内向甲方出具《施工现场燃气管道及设施确认表》。

第七条　甲方对整个施工过程中施工现场燃气管道及设施的安全负总责，乙方负责燃气管道具体保护措施的实施及管道警示标识（"燃气管道，注意保护"）的保护，丙方应对保护方案和应急处置措施实施情况进行现场监督；丁方应落实燃气管道的巡查工作，做好紧急应对准备。

第八条　各方应于本协议签订后五个工作日内，以书面方式将其指派的该工程项目联系人通知其他各方。该等联系人负责在整个施工期间各自所辖责任范围内安全保护和协调工作，不得以任何理由拒绝签收其他联系人签发的通知书或联系函。联系人如需变动的，应书面通知其他三方并签收确认。

第九条　乙方在工程开工前，应根据施工现场的实际情况和施工方案，将已制定的燃气管道及设施保护方案和应急处置措施通过技术交底方式落实到相应工作层面作业班组负责人和具体作业人，丙方项目监理人员应参加并在纪要上签名确认。

第十条　工程开工后，丁方在正常施工作业时间（8：00—18：00）按 1 次/日对施工现场的燃气管道及设施进行巡查；当施工作业进行至燃气管道控制范围内时，按 2 次/天的频次进行巡查；当施工作业进行至燃气管道保护范围内时，中压燃气管线按 1 次/小时的频次进行巡查，高（次高）压燃气管线进行旁站监护；

对在控制范围和保护范围内的施工，乙方应提前 24 小时函告丁方；施工作业需超出正常施工作业时间之外，以及施工工期发生变更时，乙方联系人应提前 24 小时以书面形式将变更告知其他联系人并签收确认；

施工作业方案发生变更需修改燃气管道保护方案和应急处置措施时，乙方应将修改后的方案经丙方和甲方审核确认后函告丁方，同时，按照第九条要求落实到具体作业人。

丁方在接到变更告知函后，应及时安排好巡查工作，按照要求的频度进行巡查。

第十一条　在施工过程中应严格遵守以下规定：

（一）在燃气管道设施的安全保护范围内，禁止下列行为：

1. 建造建筑物或者构筑物；

2. 堆放物品或者排放腐蚀性液体、气体；

3. 进行机械开挖、爆破、起重吊装、打桩、顶进等作业。

（二）不得擅自移动、覆盖、涂改、拆除、破坏燃气设施及安全警示标志；道路施工完成时必须埋设相应的标志桩；

（三）在没有采取有效的保护措施前，不得在燃气管道及设施上方开设临时道路，不得在燃气管道及设施上方停留、行走载重车辆、推土机等重型车辆；

（四）禁止其他严重危害燃气管网安全运行的行为。

第十二条　在施工过程中遇到复杂、特殊情况，可能危及燃气管道及设施的安全运行时，丙方应签发停工令，要求乙方立即停止施工。乙方会同甲方、丙方和丁方，重新编制燃气管道及设施保护方案和应急处置措施，经丙方项目总监审核和甲方签字认可后，报丁方备案，丁方接到备案申请后通知丙方签发复工令后，乙方可恢复施工。

第十三条 丁方在巡查中发现产生燃气管道保护隐患时，应以书面告知函的形式通知其他三方项目联系人，由项目联系人负责督促隐患整改。

任何一方发现有危害或可能危害燃气管道及设施安全运行的行为时，应立即制止危害行为，乙方施工人员必须服从。制止无效时，应立即向市（区）安监站、国土和房产局等单位报告，情况紧急时，可立即报110请求协助。

第十四条 造成燃气管道及设施损坏后的处理方式

（一）防腐层损坏

如施工过程中造成燃气管道设施防腐层损坏，乙方施工人员应立即停止施工，通知甲、丙、丁方联系人。丁方应立即组织修复作业并现场取证，甲方应责成事故责任单位于修复完工后五个工作日内向丁方支付修复费用，否则甲方应于该五个工作日届满后三个工作日内向丁方支付修复费用。

（二）燃气设施损坏供气中断（未漏气）

如施工过程中造成燃气管道设施损坏且供气中断（未漏气），乙方施工人员应立即停止施工，保护现场，立即通知甲、丙、丁方联系人，并根据影响用户范围级别上报市（区）建设局。丙方发出停工令，丁方立即组织抢修，甲方应责成事故责任单位于修复完工后五个工作日内向丁方支付修复费用，否则甲方应于该五个工作日届满后三个工作日内向丁方支付修复费用。建设主管部门根据影响范围按照《深圳市燃气条例》等有关规定对责任单位进行相应的处罚。

（三）燃气管道破裂泄漏或爆炸

如施工过程中造成燃气管道破裂泄漏或爆炸，乙方施工人员应立即停止施工，保护现场，组织附近人员疏散，救治受伤人员，向110和丁方报警并按事故级别上报市（区）建设局，同时，立即通知甲、丙、丁方联系人。

甲、丙、丁方接警后立即启动应急预案，组织开展应急抢险工作。

有关部门按照《深圳市燃气条例》等规定组织对事故进行调查，并对事故责任单位和责任人进行处罚。

甲方应责成事故责任单位于修复完工后十个工作日内赔偿丁方因燃气管道及设施破坏遭受的直接和间接损失，否则甲方应于该十个工作日届满后三个工作日内赔偿丁方所受直接和间接损失。

第十五条 本协议自肆方签字盖章之时起生效，正本一式五份，肆方各执一份、报相关部门一份，均具同等效力。

甲方：（签章）　　　　　　　　　　乙方：（签章）

法定代表人：　　　　　　　　　　　法定代表人：

委托代理人：　　　　　　　　　　　委托代理人：

地址：　　　　　　　　　　　　　　地址：

联系人：　　　　　　　　　　　　　联系人：

24 小时联系电话：　　　　　　　　　　　　24 小时联系电话：

　　　　年　　　月　　　日　　　　　　　　　　年　　　月　　　日

丙方：（签章）　　　　　　　　　　　　　　丁方：

法定代表人：　　　　　　　　　　　　　　　法定代表人：

委托代理人：　　　　　　　　　　　　　　　委托代理人：

地址：　　　　　　　　　　　　　　　　　　地址：

联系人：　　　　　　　　　　　　　　　　　联系人：

24 小时联系电话：　　　　　　　　　　　　24 小时联系电话：

　　　　年　　　月　　　日　　　　　　　　　　年　　　月　　　日

告　知　函

　　贵方在＿＿＿＿＿＿区＿＿＿＿＿路正在进行＿＿＿＿＿工程施工。在贵方工地及其周边＿＿＿＿＿米范围内已敷设有地下燃气管道。为使贵方的施工能顺利进行，同时又确保地下燃气管线的安全，根据《深圳市燃气条例》、《深圳市燃气管道设施保护办法》有关规定，现将有关事项告知如下：

　　1. 贵方在施工前，请与我司联系，现场确认地下燃气管线走向及其位置。开挖、钻探等施工作业面在地下燃气管道及设施安全保护范围内时，请贵方在作业施工时提前 24 小时通知我司联系人到现场，我司联系人：＿＿＿＿＿＿，联系电话：＿＿＿＿＿＿。

　　2. 根据《深圳市燃气管道设施保护办法》并按照深圳市建设局有关要求，贵方应与我司签订《施工现场燃气管道及设施安全保护协议》，且贵方应拟订管网保护方案，提供施工组织设计，并对管线采取确实有效的保护措施。

　　3. 对已确认的施工工地内的地下燃气管线走向及其位置的上方，我司已设立明显的安全警示标志，请贵方进行保护并确保整个施工期内警示标志完整、有效。如有损坏或丢失，应负责及时修复。

　　4. 贵方因施工需要在已埋设有地下燃气管线的路段开设临时道路及路口时，应采取有效保护措施，防止载重车、推土机等重型机械、车辆碾压地下燃气管道及设施。

　　5. 贵方若因施工确实需要迁移或拆除中压燃气管道设施，须由贵方报请有关部门批准后，委托具有相关资质的单位实施，并按程序办理管道迁移或拆除的相关手续。原则上高压、次高压燃气管道设施不得改迁。

　　6. 贵方在与我司签订《施工现场燃气管道及设施安全保护协议》后，如需在管道及设施保护范围内施工，应在工程项目监理和安全员现场监护的情况下人工开挖。无论任何情况下，禁止机械开挖。

　　7. 在施工中遇到燃气管道及设施的任何意外情况，请立即拨打 24 小时抢修电话25199999 向我司报告。

　　为了我们的共同利益，让我们密切合作！

　　签收人：　　　　　　日期：

4.2　巡查信息的管理

　　巡查信息管理沟通采用平衡和上下沟通模式。

（1）平衡沟通

燃气管网巡查员在上（下）班时应与下（上）一班的燃气管网巡查员交流沟通共同管辖的管网的信息，特别是发生了需要特别注意的情况的管网或发生第三方施工的管网的位置。并应记录在登记本上。使交接班的两位燃气管网巡查员都了解特殊情况管道的现有状况和注意事项。

（2）上下沟通

当班燃气管网巡查员应发生特殊情况或有第三方单位在管网附近施工时应及时汇报班组长或管线运行工程师，并提出需支援的问题和现场的情况。使班组长或管线运行工程师能作好应对的措施和人手的调配工作。

第5章　燃气管网巡查员应具备的素质

5.1　良好的沟通能力

良好的沟通能力是预防第三方施工对燃气管道破坏的关键。具有良好的沟通能力可以使你很好地表达协调的意图，获得第三方施工单位的理解和支持，从而更好地共同对燃气管道进行保护。而和班组长或管网运行工程师沟通时，能使他们了解管网出现的问题，需要支援的方面和注意的事项，从而更好地作出相应的措施和安排人员。

　知识链接：如何在施工现场与施工方协调沟通

沟通交流要点：出示工作证，表明身份——说明燃气事故的危害性、制止施工行为——说明《深圳市燃气管道设施保护办法》相关规定及保护协议签订事项。

"先生，您好。我是深圳燃气集团的燃气管网巡查员，这是我的工作牌（出示工牌）。在这个开挖点附近5m范围内铺设有地下中压燃气主管道，为避免管道受损造成大规模停气事故或爆炸造成人员财产损失，请立即停止施工。深圳市建设局在2007年颁发的4号文件第十一、十二条明确规定：在燃气管道设施的安全保护范围（管道两侧1m）和安全控制范围（管道两侧5m）内从事其他可能影响燃气管道设施安全施工作业的，建设单位应当会同施工单位与管道燃气经营企业签订《燃气管道设施保护协议》，明确安全保护责任。所以：首先请建设方负责人安排人员先到城建档案管理机构或者到我公司查询施工活动区域内地下燃气管道设施具体情况，在制定相应的燃气管道安全施工方案后与我司签订《施工现场燃气管道设施保护协议》；然后根据安全施工方案做好施工安全技术交底，在安全保障措施真正落实后方可开始施工。在正式施工前请将施工范围、工期等事项事先通知我司，我司会及时安排人员来现场协助你们。相关法律法规文件、办理程序及相关表格都可以在深圳市建设局网站上获取。我公司的地址是宏兴苑3栋，请尽快签订保护协议并落实安全保护措施。89722711，这是我司办理保护协议签订的工程师的电话，有不清楚的地方可以电话咨询。"

　案例：王仁国"点对点（Point To Point，PTP）"燃气管道保护沟通工作法

燃气管网保护，及时获取有效信息是前提和关键，加强与施工方的沟通是有效途径。王仁国在长期的工作实践中，积累了一套有效的沟通方式，可以简要概括为"点对点（Point To Point，PTP）"模式，使获取的信息更完整、更准确、更有效。其方法归纳为几个步骤：

第一，找老乡（一线作业人员）。

施工单位进场施工，一般首先派人做挖探沟或者搭建工棚的能够准备工作。在深圳的施工队伍中，几乎都有四川人存在。同样身为四川人的王仁国，每当发现管网附近有施工时，总会在民工当中找到几个老乡，用家乡话拉近关系，以后每次巡查总找他们抽抽烟，喝口水，聊一聊，把他们变成"哥们"，了解施工目的和进度。最重要的是在日后的施工中进度、具体方案等发生突然变更时，这些"耳目"会第一时间通知王仁国。

第二，找领导（工程项目管理人员）。

通过老乡介绍，找到施工队长，再找建设单位、施工单位和监理单位的领导。主要是签订管网保护协议和了解工程总体规划、施工方案等。由于较高级别的领导很少在工地，实际施工进度、施工更多受现场工程师等可控制，因此要多与现场工程师和监理员接触，达到掌握更多信息的目的。

第三，找保护措施。

在签订保护协议后，根据其内容监督施工单位落实保护措施，如施工中出现变化，及时找到现场工程师和监理员调整保护措施。

第四，找机械。

这一点是最重要的，因为破坏管道大多数都是机械施工不慎造成的。王仁国巡查每个工地，总会清点现场的机械数量。机械减少了，要问清楚去干什么了？机械增加了，要问清楚来干什么？并且每次巡查工地时，都主动和每台机械的操作员沟通，了解当天的工作内容，同时向他们宣传管网安全保护知识。在每台机械驾驶室内张贴管网保护提示卡。

第五，找维修班（工程部）。

一般每个小区管理处都有维修班或工程部，此类部门负责小区的维修工作，关于小区巡查部分，可以和维修班班长加强沟通交流，一旦遇到小区施工可能危及到燃气管道，可及时得到信息，提早介入保护。

在这种有效的沟通技巧下，王仁国在五和大道、华为片区、布沙路、粤宝路等等几个施工在2年以上的重点区域巡查，收到了很好的效果，保证了管网的正常运行。

5.2 良好的应变能力

良好的应变能力是管网燃气管网巡查员必须具备的能力之一。每当遇到突发事件时，都能冷静地想出解决问题的正确方法，使事故在恶化前就采取措施制止恶化，为人民群众以及公司挽回不必要的生命财产的损失。

案例：张鑫是深圳燃气集团输配分公司巡查四队的一名普通燃气管网巡查员，在巡查巡检工作中责任心强，能出色地完成各项工作任务。3月9日，怡景地铁工地施工人员不顾燃气标识警示，强行打锚杆，将燃气管道钻破并发生了火警。张鑫接到地铁工地负责人的险情电话后，立即报告调度中心通知抢修，并在5分钟内赶到现场筹划启动应急预案，执行应急措施，他毫不犹豫，拿出扳手强行关阀，抢修中手也磨破了，终于将阀门关闭。1分钟后抢修队赶到现场，他又配合抢修队一起控制现场，直到情况稳定才离开。

从上述案例可以看出正是由于张鑫在危急关头的应变处理能力，避免了一场事故的发生。应变能力不是一朝一夕就能够产生的，它是通过平时的努力积累而形成的。

知识链接：提高自身的应变能力的方法

1. 多参加富有挑战性的活动

在实践活动中，我们必然会遇到各种各样的问题和实际的困难，努力去解决问题和克服困难的过程，就是增强人的应变能力的过程。

2. 扩大个人的交往范围

无论家庭、学校还是小团体，都是社会的一个缩影，在这些相对较小的范围内，我们可能会遇到各种需要应变能力才能解决的问题。因此，只有首先学会应变各种各样的人，才能推而广之，应付各种复杂环境。只有提高自己在较小范围内的应变能力，才能推而广之，应付更为复杂的社会问题。实际上，扩大自己的变化范围，也是一个不断实践的过程。

3. 加强自身的修养

应变能力高的人往往能够在复杂的环境中沉着应战，而不是紧张和莽撞从事。在工作、学习和日常生活中，遇事沉着冷静，学会自我检查；自我监督、自我鼓励，有助于培养良好的应变能力。

4. 注意改变不良的习惯和惰性

假如我们遇事总是迟疑不决、优柔寡断，就要主动地锻炼自己分析问题的能力，迅速作出决定。假如我们总是因循守旧，半途而废，那就要从小事做起，努力控制自己，不达目标不罢休。只要下决心锻炼，人的应变能力是会不断增强的。

5.3 良好的职业道德修养

职业道德的基本规范主要包括爱岗敬业、诚实守信、办事公道、服务群众、奉献社会等几个方面：

1）爱岗敬业，就是要热爱本职工作，忠于职守，精通业务，积极钻研，勇于创新。

2）诚实守信，就是要诚实无欺，信誉第一，不搞假冒伪劣，不追逐不义之财。

3）办事公道，就是要客观公正，不徇私情，公私分明，不占便宜，公平合理，一视同仁，公道正派，平等竞争。

4）服务群众，就是要真心实意、设身处地为服务对象、为产品的使用者着想，做到礼貌待人，热情周到，讲究质量。

5）奉献社会，就是在职业生活中，要抛弃那种单纯为谋生、谋利而从业的态度，拒绝那种有损社会的行为，时时以是否有益于社会作为检验自己职业行为是否正当、合宜的标准。

案例：做管网的忠诚战士——记天津输配分公司红桥管线所燃气管网巡查员张子滕

张子滕是天津输配分公司红桥管线所的一名年轻燃气管网巡查员，从2002年踏入巡线岗位的第一天起，他就暗下决心，一定要干好巡线工作，不辜负领导和同志们的信任和期望。

这个步入新岗位的英语专科毕业生，通过工作实践，深刻认识到巡线工作的重要性，并很快进入了角色。刚干巡线工作那会儿，他正遇上秋季保养，他便把这项工作当作了解、熟悉管线的大好时机，主动跟随两位老师傅对红桥区三号路设施进行全面保养。三号路附近老居民区众多，地形复杂，他和师傅们逐一检查，逐一保养，边对照图档资料，边核实设施情况。遇到资料不准确的，他就在小本上记录，工作结束后再骑车回到这些标记的地点，反复核实与图纸不符的设施，向周围居民了解情况，刨开废土，移开杂物寻找。保养结束后，他成功地找出 19 个从前未找到或未作记录的低压凝水缸。本着工作要做精做细的原则，他继续依照管线图对自己负责的所有管线设施进行核实，一米一米的踩线，一个一个的查设施，虚心向有经验的师傅请教。他还针对该地区六段、八段、十段、十一段、东大楼等居民区的设施老化现象，利用业余时间检测引入管，杜绝可能出现的隐患。他联络市政、排水的同学，了解相邻管线的电缆、排水管网情况，以便发生问题时能快速、及时地找到隐患所在。通过这个年轻人的不懈努力，不长时间，他就将三号路地区400 多个凝水缸、闸井和 4000 多米管线的运行情况烂熟于心，真正做到了心中有数。

张子腾不但认真踏实，还是个肯动脑筋、肯钻研的年轻人。在掌握了自己负责的管线、设施后，他没有满足现状，对自己提出了真正将管线管清、管住、管好的更高的要求。他逐步总结出自己的一套工作方法，根据天气变化实行"观察巡视法"，对不同区域进行划分，实行不同巡视方法，兼顾整体的同时紧抓重点不放，在工作中收到了成效。2002 年 12 月，在巡视过程中他发现位于勤俭道上一低压凝水缸周围总是散发出隐隐约约的味道，时有时无，用电子检漏仪检测时并未发现异常。他没有忽视这一情况，利用早上6 点到 7 点、中午 11 到 13 点、晚上 17 点到 19 点的用气高峰时段进行分时检测，最终确定这一带有泄漏点！他及时向所抢修队报告，经过检查原来是地下的 DN200 干管已严重腐蚀，煤气从深几米的土层中缓缓渗漏出来，经五个小时的抢修，最终排除了隐患。2004年 8 月正值酷暑，他又隐约闻到在三号路六段大楼处有煤气的异味，立即用电子检测仪对周边煤气缸、闸及相邻管沟进行排查，但并无异常。当时，天渐渐黑了下来，在马路上转了一天的张子腾又热、又渴、又饿，真想回家吃饭休息，但隐患没找到怎么行。他没有犹豫，而是继续对六段大楼的引入管进行检测，终于在 3 号门时发现了引入管接口腐蚀漏气点，及时上报所里排除了隐患，这时他心里才感到无比踏实。

市政配合施工的监护，也是张子腾工作的重要部分。三号路地区近期的破土动工量很大，这个才参加工作不久的年轻人，认真负责地跑工地，和负责人建立起密切联系，每次施工开槽前都依照图纸同施工方协商、交涉，确定后才允许动土，避免了外力破坏的发生。

每年春节前夕，他都对煤气管线及引入管进行彻底的安全检测，确保春节期间安全运行。2004 年大年三十的晚上，他负责监护风采里调压站的安全。远处噼噼啪啪的鞭炮映红了节日的天空，而透骨的冷风吹得他直打冷战，望着家家户户灯火通明，想着家里的年夜饭，他真想跑回家去过年，可他深知小区调压站在这个时候突发情况很多，没有人坚守不行，于是他尽职尽责守护在冷风中。在将近两个小时的监护过程中，先后劝阻了 11 位住户在调压站附近燃放鞭炮，这期间有不少人在酒后出言不逊，他也耐心细致地说服，讲清危害性，最终得到了大家的理解，确保了春节期间的安全。

因为自己是个年轻人，他常用高标准严格要求自己，除了做好自己的本职工作之外，还积极参加到其他各项工作中。他和抢修队一同对煤气引入管通堵、入户了解户内管情况、参与旧管网改造前期准备、绘制工福户产权界定图纸、参加监理工程师培训等。他还对公司 GIS 系统仔细研究揣摩，不断对这一系统进行推敲、摸索，进一步对系统内的道路、楼宇进行标注。结合自身实际，在系统的原有基础上，进一步完善了数据库属性的标识，其中包括 1 ：2000 图、1 ：500 缩略图，明确标识管线走向和凝水缸、闸井位置，为巡线、抢修工作提供便利。

由于工作努力、踏实和勤奋，他的工作得到了周围领导和同志们的肯定，2004 年荣获"输配分公司十佳巡线卫士"、"集团级优秀团员"称号，并在集团公司"五四青年节演讲比赛"中荣获第二名。面对荣誉，他没有骄傲，而是以激昂的热情、扎实的作风，把自己的青春投入到工作中，他坚定一个信念：管好自己负责的管网，做管网的忠诚卫士。

一名优秀燃气管网巡查员的素质

我们从张子滕身上看到了一名优秀燃气管网巡查员所具备的基本素质，他有良好的职业道德和敬业精神，工作热情、主动、认真负责，努力钻研业务，具有过硬的专业技能。

5.4 深刻了解燃气管网巡查员的岗位职责

5.4.1 燃气管网巡查员四字要诀

（1）严

严格遵守公司各项规章制度，牢记公司"安全供气、预防为主"宗旨，加强政治思想学习，努力钻研业务知识和技能，提高业务水平、爱岗敬业、恪尽职守；

严格按照分级巡查要求，定时间、定地点、定路线对所辖片区的燃气管网进行巡查，及时发现燃气管网运行中存在的各种安全隐患；

（2）熟

熟练掌握所负责片区内的市政和庭院燃气管道及设施的位置、走向及现状，及时掌握管网动态；熟练掌握日常工作设备和劳动工具；熟悉与燃气管网相关燃气设施（阀门、凝液缸、阴保）的安装使用及维护保养；

（3）细

完成工作，一丝不苟。认真做好管网巡线记录，确保记录的真实性、完整性、连续性、可查性；按照"海尔日清工作法"要求，发现隐患，及时上报、跟踪处理、直至整改完毕，确保燃气管网安全运行；

（4）速

发现第三方危及或破坏管网的迹象，迅速与施工方联系，掌握施工项目内容、规模等并做初步协调，将初步协调情况及时汇报班组长或主管工程师，对已经协调的施工工地应定期进行巡查和监护，及时发现并制止危及燃气管网安全运行的施工行为。

 知识链接：海尔日清工作法

海尔日清工作法的目的是保证员工明确当天的工作计划与工作进度，能够做到当天的工作当天完成，逐步使员工做到自主管理，积极主动工作，培养其良好的工作习惯，从而不断提高工作效率和质量。

日事日毕，即指当天计划的每一项工作都要完成，不能完成的当天就要查清原因，分清责任，积极处理，不要造成日积月累，要保证目标得以实现。每个员工通过日清表把每天发生的每一件事记录下来，做到日清日查。

日清日高，就是把工作中的薄弱环节加以分析不断改善，逐步提高，并要求每个员工每天的工作有所提高。衡量燃气管网巡查员是否做到"日清日高"的主要标准为"一个到位，一个完整，一个降低"，即为：

1）燃气管网巡查员巡查到位，到位是指认真巡查计划表中的燃气管道设施，发现隐患并及时处理或跟踪处理；按时到现场协调，完成燃气管道保护协调记录。

2）燃气管网巡查员应确保燃气管道设施及标志桩等现场的完整性，巡查记录资料的真实和完整。

3）燃气管网巡查员负责固定区域的燃气管道隐患检查数量要有明显降低，以每月班组长、部门及公司的安全检查为准，班组长负责每月统计。

5.4.2　燃气管网巡查员岗位职责

（1）严格按照分级巡查要求，定时间、定地点、定路线对所辖片区的燃气管网进行巡查，及时发现燃气管网运行中存在的各种安全隐患，确保燃气管网安全运行；

（2）认真做好管网巡线记录，确保记录的真实性、完整性、连续性、可查性；

（3）熟悉掌握市政和庭院燃气管道及设施的位置、走向及现状，定期统计和绘制燃气管网及设施、图纸资料，加强与巡查技术员和其他班组的沟通，及时掌握管网动态；

（4）发现有第三方危及或破坏管网的迹象，及时告知巡查技术员并进行初步协调，将初步协调情况及时汇报班组长或主管工程师，对已经协调的施工工地制定相关的应急预案并列入重点，定期进行巡查和监护，及时发现和制止危及燃气管网安全运行的施工行为；

（5）严格按照设备及工具管理制度，妥善保管好日常工作设备和劳动工具；

（6）严格遵守公司各项规章制度，牢记公司服务宗旨，加强政治思想学习，努力钻研业务知识和技能，提高业务水平、爱岗敬业、恪尽职守；

（7）完成上级领导交办的其他任务。

附 录

一、燃气法律、法规节选

《石油天然气管道保护条例》重要条款：

第十五条 禁止任何单位和个人从事下列危及管道设施安全的活动：

（一）移动、拆除、损坏管道设施以及为保护管道设施安全而设置的标志、标识；

（二）在管道中心线两侧各 5 米范围内，取土、挖塘、修渠、修建养殖水场，排放腐蚀性物质，堆放大宗物资，采石、盖房、建温室、垒家畜棚圈、修筑其他建筑物、构筑物或者种植深根植物；

（三）在管道中心线两侧或者管道设施场区外各 50 米范围内，爆破、开山和修筑大型建筑物、构筑物工程；

（四）在埋地管道设施上方巡查便道上行驶机动车辆或者在地面管道设施、架空管道设施上行走；

（五）危害管道设施安全的其他行为。

第二十三条 任何单位在管道设施安全保护范围内进行下列施工时，应当事先通知管道企业，并采取相应的保护措施：

（一）新建、改（扩）建铁路、公路、桥梁、河渠、架空电力线路；

（二）埋设地下电（光）缆；

（三）设置安全或者避雷接地体。

《广东省人民政府〔2008〕1 号文件—关于加强输油气管道设施安全保护工作的通告》重要条款：

一、管道设施是国家重要的基础设施，受法律保护，禁止任何单位和个人从事危害管道设施安全的行为。任何单位和个人都有保护管道设施和管道输送的石油、天然气的义务，对于侵占、破坏、盗窃、哄抢管道设施和管道输送的石油、天然气以及其他危害管道设施安全的行为，有权制止并向公安机关举报。

二、根据《条例》第十五条规定，禁止任何单位和个人从事下列危害管道设施安全的活动：

（一）移动、拆除、损坏管道设施以及为保护管道设施安全而设置的标志、标识；

（二）在管道中心线两侧各 5m 范围内取土、挖塘、修渠、修建养殖水场、排放腐蚀性物质，堆放大宗物资，采石、盖房、建温室、垒家畜棚圈、修筑其他建筑物、构筑物或者种植深根植物；

（三）在管道中心线两侧或者管道设施场区外各 50m 范围内爆破、开山和修筑大型建筑物、构筑物工程；

（四）在埋地管道设施上方巡查便道上行驶机动车辆或者在地面管道设施、架空管道设施上行走；

（五）危害管道设施安全的其他行为。

三、任何单位和个人在管道设施安全保护范围内从事以下活动时，应当按照《条例》相关条款规定事先通知管道企业或者征得管道企业同意，并做好相关保护措施：

（一）新建、改（扩）建铁路、公路、桥梁、河渠、架空电力线路；

（二）埋设地下电（光）缆；

（三）设置安全或者避雷接地体；

（四）在管道中心线两侧各 50 米至 500 米范围内进行爆破；

（五）采取泄洪等防洪措施；

（六）其他可能影响管道设施安全的活动。

四、穿越河流的管道设施，由管道企业与河道、航道管理单位根据国家有关规定确定安全保护范围，并设置标志。在依照前款确定的安全保护范围内，除在保障管道设施安全的条件下为防洪和航道通航而采取的疏浚作业外，不得修建码头，不得抛锚、拖锚、淘沙、挖泥、炸鱼、进行水下爆破或者可能危害管道设施安全的其他水下作业。

五、后建、改（扩）建的建设工程如与已有的管道设施相遇，后建、改（扩）建的建设工程项目单位应与管道企业协商制定具体保护措施。

《深圳市燃气管道设施保护办法》重要条款：

燃气管道设施的安全保护范围概念：

（一）低压、中压、次高压管道的管壁外缘两侧 1 米范围内的区域；

（二）高压、超高压管道的管壁外缘两侧 6 米范围内的区域。

燃气管道设施的安全控制范围：

（一）低压、中压、次高压管道的管壁外缘两侧 1 米至 6 米范围内的区域；

（二）高压、超高压管道的管壁外缘两侧 6 米至 50 米范围内的区域。

第七条　禁止任何单位和个人在燃气管道设施上及其安全保护范围内从事下列危及管道设施安全的活动：

（一）进行机械开挖、修筑建筑物、构筑物和堆放物品；

（二）倾倒、排放腐蚀性物质；

（三）在燃气管道设施的安全保护范围和高压、超高压燃气管道设施的安全控制范围内，进行爆破作业；

（四）种植深根植物；

（五）其他可能危害燃气管道及设施安全的行为。

第八条　任何单位或个人在实施下列情形之一的作业前，应当制定燃气管道设施保护方案，并与管道燃气经营企业协商一致，签订燃气管道设施保护协议；在实施作业过程中，施工单位应按照保护方案实施保护措施，管道燃气企业应指派技术人员到现场提供安全保护指导。

（一）在燃气管道设施的安全保护范围内，敷设管道，从事打桩、挖掘、顶进作业；

（二）在燃气管道设施的安全控制范围内，建造建筑物或者构筑物，从事打桩、挖掘、顶进作业；

（三）在低压、中压、次高压燃气管道设施的安全控制范围内，进行爆破作业；

（四）其他可能影响燃气管道及设施安全的作业的。

第九条　任何单位和个人在进行地下施工作业之前，应当向城建档案管理机构或者管道燃气企业查询作业区域地下燃气管道埋设情况。对可能危及燃气管道设施安全的，按照第八款规定执行。

建设单位未签订燃气管道设施保护协议从事可能影响管道设施安全的作业的，管道燃气企业应予以制止。

第十条　建设单位办理房屋建筑或市政公用项目第一次报建手续时，应提供深圳市城建档案馆或者管道燃气企业出具的地下管线查询结果；查询结果显示施工现场有燃气管道设施的，须提供《施工现场燃气管道及设施保护协议》。

第十一条　建设单位应按规定向施工单位提供与施工现场相关的地下燃气管线资料，并负责监督施工单位执行《施工现场燃气管道设施保护协议》中的相关条款。

第十二条　施工单位在取得施工现场燃气管线资料后，必须严格按照有关技术法规和规程，进行施工组织设计，制定相应的安全技术措施，按规定做好施工安全技术交底工作，将保护协议中的有关责任落实到人。未采取有效防护措施之前不得施工。

第十三条　施工单位在工程开工前将签订的《施工现场燃气管道设施保护协议》报施工安全监督检查站备案。施工安全监督检查站应将施工现场燃气管道设施保护措施作为施工安全前提条件审查的重要内容之一，并加强日常监督。

主要参考文献

[1] 山东港华培训学院 港华工程技术培训学校．管线巡查及防止燃气管道损毁．2011.
[2] 叶欣主编．燃气热力工程施工便携手册．北京：中国电力出版社，2006.
[3] 花景新主编．燃气工程监理．北京：化学工业出版社，2006.
[4] 马良涛主编．燃气输配．北京：中国电力出版社，2004.
[5] 董铁山、董久樟主编．燃气热力管道工程．北京：中国电力出版社，2005.
[6] 丁崇功主编．燃气管道工．北京：化学工业出版社，2007.